Full Green House
绿色满屋系列

U0960612

活氧排毒居家花草50选

王茂良　李晓良 编著

制造新鲜空气
从种对植物开始

六睿工社

中国农业大学出版社

图书在版编目（CIP）数据

活氧排毒居家花草50选/王茂良，李晓良编著.—北京：中国农业大学出版社，2008.6
(绿色满屋系列)
ISBN 978-7-81117-473-1

I.活… Ⅱ.①王…②李… Ⅲ.观赏园艺 Ⅳ.S68

中国版本图书馆CIP数据核字（2008）第054355号

书　　名	活氧排毒居家花草50选		
作　　者	王茂良　李晓良　编著		
策　　划	六睿工社・张蕊	**责任编辑**	韩元凤
装帧设计	北京水长流文化发展有限公司	**责任校对**	陈　莹　王晓凤
出版发行	中国农业大学出版社		
社　　址	北京市海淀区圆明园西路2号	**邮政编码**	100193
电　　话	发行部 010-62731190, 2620		读者服务部 010-62732336
	编辑部 010-62732617, 2618		出　版　部 010-62733440
网　　址	http: // www.cau.edu.cn / caup	**e-mail**	caup@public.bta.net.cn
经　　销	新华书店		
印　　刷	北京鑫丰华彩印有限公司		
版　　次	2008年6月第1版　　2008年11月第2次印刷		
规　　格	787×1 092　1/16　7印张　172千字		
定　　价	28.00元		

图书如有质量问题本社发行部负责调换

自序

我自幼生活在乡下，喜欢乡村小路的青草依依，喜欢青山绿水带来的心旷神怡。别人把自己家的园子用来种菜，而我喜欢留一块小地方种花。家里人总奇怪，为什么一个男孩子喜欢摆弄花草？我想花草是上天赐给人类的最好礼物，花开花落、花落花开生命的交替，是一切生命的最好缩影。花开时，即便是一株小草花，也会尽显它的妖娆可人；花谢时，让人伤感的同时常常会看到那凋零的花瓣后面有着成熟的种子，于是也在盼着来年的新希望。所以，花草是有生命的，它们可以平复心境，抚慰心灵，即使路旁一朵蒲公英的小花也值得我去珍惜。

上了大学，念了博士，我修的是花卉专业，我越发觉得种花养草是件很快乐的事，很享受的事，对花草的喜爱也越发浓烈了，因为我可以利用更先进的植栽技术完成我的梦想。许多小花草在不经意间就会给人间带来很多意想不到的美妙东西，一点点土，一点点水，些许的阳光，它们要求的那么廉价，那么微量，却把它的芬芳与美丽留给了人间。它们会吸收很多有毒的气体，释放氧气，给空气补充“维生素”，增加空气中负离子的浓度，让我们的生活环境纯净自然，清新荡漾。

我于是开始整理这些花草的资料，想帮助它们去表达对人类的一种爱意，一种温暖。你知道吗？我做了个小小的统计，人的一生有90%的时间都是在室内度过的。那么冰冷的围墙，那么狭小的空间，让你经常会忘记你生活的环境，忘记你周围的一切，所以就更少想到自然，想到花草，想到小鸟……

我还想让你此刻放下手里的工作，走到花店，选几盆你喜欢的花草，把绿色搬回家，抚花弄草，你会发现清新宁静不是奢求，那份宁静在于环境，也在于你呵护花草的心境。

王茂良

于北京市园林科学研究所

2008年3月

目录 CONTENTS

CHAPTER 1 “装修综合征”的检测

CHAPTER 2 活氧排毒居家花草

CONTENTS

居家绿化提案

梅花 P14

杜鹃 P15

牡丹 P17

四季海棠 P18

矮牵牛 P19

虞美人 P20

萱草 P21

香石竹 P22

波斯顿蕨 P26

常春藤 P27

散尾葵 P28

橡皮树 P29

吊兰 P30

绿萝 P31

袖珍椰子 P33

垂叶榕 P34

苏铁 P35

合果芋 P36

红掌 P37

菊花 P39

香龙血树 P40

花叶万年青 P41

棕竹 P43

孔雀竹芋 P44

马拉巴栗 P45

无花果 P46

仙人掌 P51

鹅掌柴 P52

冷水花 P53

花叶芋 P55

天门冬 P56

金橘 P57

海桐 P58

山茶花 P59

现代月季 P61

大花君子兰 P62

大丽花 P63

虎尾兰 P64

龙舌兰 P65

蟹爪兰 P66

绿色花草的名字一看就明白

CHAPTER 1

“装修综合征”的检测

如今，室内家用产品的材质越来越多样化，几乎再难找到原始的天然材质。黏合剂、地毯、毛纺品、墙面漆、压缩板、玻璃胶等常用人工合成材料，能释放甲醛、苯、甲苯、氯仿、丙酮等至少200余种有毒物质。其中氡是一种放射性惰性气体，无色无味，存在于水泥、砂石中，室内污染物氡对人体的危害，仅次于吸烟，列肺癌诱因第二位。各种各样的室内污染物成了不容小觑的健康杀手，现向您推荐如下检测方法。

身体检测

1. 家中的儿童出现健康问题，如咳嗽、打喷嚏、易生病，可能诱因是环境中甲醛或苯超标。
2. 很少接触烟雾环境的人感到咽喉疼痛，可能诱因是甲醛或氨气超标。
3. 长时间逗留会感到胸闷、恶心、头痛、嗜睡、无力，可能诱因是TVOC（总挥发性有机化合物）超标。
4. 新装修的房间，一开门就有刺眼、刺鼻的感觉，可能诱因是氨气或甲醛超标。
5. 家具购买时间超过一年还有刺激性气味，可能诱因是甲醛或TVOC超标。
6. 新婚夫妇长期不孕，疲劳不堪，可能诱因是甲醛、苯等多种有害物质超标。
7. 孕妇没有不良嗜好，却发生胎儿畸形，可能诱因是放射性物质氡超标。
8. 家庭成员大部分发生皮肤瘙痒、红肿等过敏现象，可能诱因是甲醛超标。
9. 再生障碍性贫血，可能诱因是苯超标。

仪器检测

主要是找当地的空气检测部门，采用仪器仪表进行测量。不同的气体有不同的检测方式，比如苯、甲苯和二甲苯会采用气相色谱法。这种检测比较准确，但费用比较昂贵。目前市场上检测机构鱼目混珠，所以，提醒您擦亮双眼，本书附录列举了选择仪器检测部门的原则。

植物监测

家庭中利用植物监测是既省钱又省力的好方式，植物由于其特殊的生理结构，通过叶片的表观，可以判断污染物的性质和污染程度。新装修的房间，通常会采取通风处理，这是一种好的换气方式，不妨再放些监测的花草，这更能监测和预知您将要生活的环境状况。

有毒空气报警花草

梅　花

杜　娟

牡　丹

四季秋海棠

矮牵牛

虞美人

萱　草

香石竹

梅花 *Prunus mume*

别称：春梅、干枝梅、红梅

监测功用

甲醛、苯、氟化氢、二氧化硫。

监测花语

对污染空气的指示表现为叶片失绿，叶片边缘开始枯萎甚至脱落。

花期 2～3月。

光照 喜阳光充足。光照不足会造成树势衰弱，开花稀少。

水分 喜湿润，尤喜空气湿度较大。

温度 喜温暖，适宜温度为16～23℃；较耐寒，但一般不能抵抗－15～－20℃的低温。

土壤 对土质要求不高，耐贫瘠，耐干旱，以黏壤土或壤土为佳。

杜鹃 *Rhododendron simsii* Planch.

别称：映山红、野山红

监测功用

二氧化硫、一氧化氮、二氧化氮。

监测花语

对污染空气的指示表现为叶片上出现斑纹，叶片边缘开始枯萎。

花期 4～5月。

光照 喜半阴，忌烈日曝晒，可在室内稍遮阴处栽培。

水分 喜湿润气候，怕积水。

温度 喜温暖。有一定的耐寒性。

土壤 酸性土壤，忌干燥。

牡丹 *Paeonia suffruticosa*

别称：花王、洛阳花、富贵花

监测功用

臭氧、二氧化硫、光烟雾。

监测花语

当空气中臭氧含量超过1%，牡丹的叶片上会出现斑点，随着污染程度的加重，叶片呈现淡黄色、赤褐色、灰白色等。

花期 4 月。

光照 喜阳光充足的环境，亦可耐半阴，但不要过度荫蔽，可在室内阳光充足处栽培。

水分 稍耐干旱，忌积水。盆土应适当保持湿润。

温度 喜温凉气候，较耐寒，不耐热。夏季应经常向植株喷水降温。

土壤 喜疏松肥沃、通气良好的沙壤土，忌黏土，以中性土壤为宜。

四季海棠 *Begonia semperflorens*

别称：瓜子海棠

监测功用

臭氧、氯化物、二氧化氮、二氧化碳。

监测花语

四季海棠遭遇有毒气体时，叶片会出现斑点。能吸收二氧化氮气体。

花期 8～9月。

光照 喜半阴环境，忌阳光直射，可在室内稍遮阴处栽培。

水分 喜湿，保持盆土中有充足的水分，忌干旱和积水。

温度 适宜温度为18～22℃，较耐寒。夏季要经常向叶片喷水降温。

土壤 腐殖质含量高的疏松土壤。

一定要知道

矮牵牛与牵牛花虽然花型很相似，但是它们是不同科属的植物，矮牵牛属于茄科碧冬茄属植物，呈匍匐状蔓生。牵牛花属于旋花科攀缘草本，俗称喇叭花，对空气也有很强的监控作用，比如对二氧化硫、二氧化碳有很好的预测作用。

矮牵牛 *Petunia hybrida*

别称：碧冬茄

监测功用

臭氧、二氧化氮。

监测花语

矮牵牛遇到有毒气体时，叶片会出现斑点，叶缘枯黄。

花期 4～10月底。

光照 喜阳光充足。

水分 忌积水，开花期要及时补充水分，夏季要向叶片喷水降温。

温度 不耐寒，喜温暖。如果室内温度保持在15～20℃，可四季开花。冬季温度不低于10℃。

土壤 排水良好的沙壤土。

园丁札记

虞美人与罂粟花同科同属，形状也极相似。鉴别要领：虞美人植株多茸毛，分枝纤细，花小瓣薄，花瓣别致，有四瓣，未开时，花蕾低垂，开花时红艳照人。罂粟花，茎枝较粗，花大，多是重瓣，禁止种植。

虞美人 *Papaver rhoeas*

别称：丽春花、小种罂粟花、赛牡丹、蝴蝶满园春

监测功用

硫化氢。

监测花语

虞美人对硫化氢气体极其敏感，当室内硫化氢浓度达到一定值后，叶片上会出现枯黄斑点，叶缘也逐渐变黄。需要注意的是虞美人全株有毒，避免误食。

花期 5～6月。

光照 喜阳光充足环境，不耐阴，在荫蔽环境中生长不良。

水分 较耐干旱，浇水要适当，盆土干后再浇水，土壤过湿会生长不良。

温度 喜暖气候，也较耐寒。

土壤 排水良好的沙壤土。

萱草 *Hemerocallis fulva*

别称：黄花、金针菜

监测功用

氟化氢

监测花语

萱草对氟化氢气体很敏感，遇到氟化氢气体，叶尖会变成褐红色。

花期 6～7月。

光照 喜阳光充足的环境，也可半阴，在荫蔽环境中生长不良，不宜强光直射，盛夏需要遮阴。

水分 较耐干旱，忌积水，盆土保持湿润即可。

温度 耐寒，适宜温度为15～25℃。

土壤 排水良好的沙壤土。

香石竹 *Dianthus caryophyllus*

别称：康乃馨、麝香石竹

监测功用

臭氧、乙烯。

监测花语

香石竹对臭氧和乙烯非常敏感，长期在有毒气体超标的环境下，表现为茎秆细弱、叶片发黄。

花期 春、秋两季。

光照 喜阳光充足环境，也可半阴，在荫蔽环境中生长不良，不宜强光直射，盛夏需要遮阴防晒。

水分 喜干燥，忌频繁浇水，盆土保持间干间湿。

温度 耐寒，适宜温度为14～21℃。

土壤 疏松、肥沃，富含腐殖质并排水良好的沙壤土。

CHAPTER 2

活氧排毒

居家花草

甲醛HCHO

1 居室甲醛从何而来?

在过去的15年间，甲醛比其他任何污染物都引发了更大范围的争论，尤其是许多家具和地板等木制品的甲醛释放期为3～10年，它对人们身体健康的危害不容忽视。甲醛主要来源于:

- 各种人造板材(刨花板、纤维板、胶合板等)中使用的黏合剂，新式家具的制作，墙面、地面的装饰铺设，都要使用黏合剂。凡是大量使用黏合剂的地方，总会有甲醛释放。
- 某些化纤地毯、油漆涂料也含有一定量的甲醛。
- 化妆品、清洁剂、杀虫剂、消毒剂、防腐剂、印刷油墨、纸张、纺织纤维等多种化工、轻工产品也含有一定量的甲醛。

2 甲醛是什么样？

甲醛是无色、具有强烈气味的刺激性气体，极易挥发。35%～40%的甲醛水溶液俗称福尔马林（就是用来防腐浸泡的液体）。它在室温下也极易挥发，室温每上升1℃，木制品、地板等处挥发的甲醛会使室内空气中的甲醛浓度上升0.15～0.37倍。

3 甲醛对健康有哪些危害？

- 甲醛是原浆毒物，能与蛋白质结合，吸入高浓度甲醛后，会严重刺激呼吸道，引发水肿、眼刺痛、头痛，也可发生支气管哮喘。
- 皮肤直接接触甲醛，可引起皮炎、色斑、坏死。经常吸入少量甲醛，能引起慢性中毒，出现黏膜充血、皮肤刺激症、过敏性皮炎、指甲角化和脆弱、指端疼痛等。
- 全身症状有头痛、乏力、胃痛、心悸、失眠、体重减轻以及植物神经紊乱等。
- 甲醛浓度超标10倍，人在室内生活1年，相当于直接饮用了一酒盅福尔马林！

4 怎么判断是否受到甲醛的影响？

甲醛浓度（毫克/立方米）高低与身体反应

0.06～0.07	儿童微喘
0.1	闻到异味或不适感
0.5	刺激眼睛引起流泪
0.6	咽喉不适或疼痛
30	致人死亡

TIPS 如果您去购买家具，可以用简易的方法来判断甲醛是否超标，将橱柜的门打开，将头探入，如果眼睛明显有受刺激流泪的感觉或气味特别呛人，甲醛超标的可能性就比较大了。

民用建筑工程室内环境污染浓度限量（国家标准）

污染物种类	Ⅰ类民用建筑工程	Ⅱ类民用建筑工程
甲醛	≤0.08毫克/立方米	≤0.12毫克/立方米

注 Ⅰ类民用建筑工程包括住宅、老年公寓、托儿所、学校、医院等；
Ⅱ类民用建筑工程包括商场、体育馆、书店、宾馆等。

去除居室甲醛的花草赢家

TIPS

中低度污染可选择植物去污：一般在轻度和中度污染、污染值在国家标准3倍以下的室内环境，采用植物并配合活性炭、竹炭净化空气能达到比较好的效果。植物摆放要根据房间的不同功能、面积的大小来选择。一般情况下，10平方米左右的房间，1.5米高的植物放两盆比较合适。

波士顿蕨 *Nephrolepis exaltata* var.*bostoniensis*

别称：肾蕨

S花草絮语 Something special

波士顿蕨原产亚洲及非洲热带雨林，因其孢子囊状似肾脏且其地下部球茎储水器如肾形而得名。它的花语是丰富、满足。

D净化功能 Depurative function

波士顿蕨对室内甲醛有绝佳的净化效果，被认为是最有效的“空气净化器”“甲醛能手”。它还是一种室内环境的检测植物，检测冬季室内的湿度状况，如果它在室内能够保持良好的健康生长状态，那么说明您的居室环境很适宜居住。

F适宜空间 Fitting space

适宜摆放在卧室和厨房，悬挂或放置在客厅的花架上，给人以清静坦荡之美，同时又不乏古朴典雅之尊。

P小花草诊疗室 Plant clinic

Q: 养了很久的波士顿蕨突然叶子变黄怎么办？

A: 说明根茎多，挤满了花盆，应该在春季或夏季为它换盆或分株，同时要用剪刀把黄叶剪掉。

P绿手指小百科 Plant tips

波士顿蕨喜欢湿度大、凉爽、阴暗的地方，不要放在阳光下直接照射，如果叶子发黄，很可能是强光所致。夏季高温时要充分浇水，并在它的周围喷水，以增加空气湿度；冬季不要向叶面喷水，否则叶子就不再饱满光滑了。它喜欢温暖的地方，适宜温度为20～22℃，室温保持5℃以上就能安全越冬。如果室内空气过于干燥，波士顿蕨的叶子也容易变黄，应及时浇水。盆土选择排水良好，富含腐殖质的肥沃壤土。

常春藤 *Hedera nepalensis var.sinensis*

别称：中华常春藤

净化功能 Depurative function

常春藤在照明条件下24小时，能吸收1立方米空间90%的甲醛，还能吸收8～10平方米居室内90%的苯、酚、汞、镉。它还能去除烟草释放出来的尼古丁，吸收粉尘，它散发的气味具有杀菌抑菌的功效。

花草絮语 Something special

常春藤在古今中外都有吉祥的寓意。在我国常春藤寓意为长寿和永葆青春。在欧美表示结婚。在基督教中，常春藤为生命永存的象征。

适宜空间 Fitting space

常春藤为藤本植物，可以用线或细铁丝搭架，使其攀爬，在客厅或书房的一侧形成绿色的瀑布。它还可以种在大型盆栽的底部来增加立体感。由于其种类繁多，有金边、银边以及三色常春藤，彼此穿插种植，相映成趣，小型植株可以作为桌饰。

小花草诊疗室 Plant clinic

Q：如何保持常春藤漂亮的株型？

A：当枝条长到一定长度时，要摘心，促使侧枝萌发，保持良好的株型，一般3年应分株更新。

绿手指小百科 Plant tips

常春藤是比较容易栽培的植物，喜欢温暖湿润的环境，在居室内要远离暖气和空调。室内可摆放在光线明亮处，还可摆放在半阴的环境，夏季要遮光，避免强光直射，同时保持盆土湿润，多浇水，并向叶片喷雾。春、秋两季如果能将植株移到户外养护一段时间，使其早晚多见阳光，生长会更旺盛。冬季减少浇水，每隔3～5天向叶片喷一次水。盆土适宜用腐叶土或泥炭土。

散尾葵 *Chrysalidocarpus lutescens* H.Wendliand

别称：黄椰子

D 净化功能 epurative function

美国一项太空实验表明，在去除室内有毒气体的综合指数中，散尾葵居第一位，它每平方米植物叶片面积24小时可以清除0.38毫克甲醛，1.57毫克氨，对二甲苯也有很好的清除效果。它每天可以蒸发1升水，被喻为最好的天然“增湿器”。经常给植物喷水不仅可以使其保持葱绿，还能清洁叶面的气孔，促进蒸腾。

F 适宜空间 itting space

散尾葵刚直如竹，清幽挺拔，一般搭配木质家具或竹制家具，给人古朴苍劲之感。它属于大型盆栽花木，适宜摆放在客厅一角或大型餐厅，布置书房也有清雅之美，布置办公场所也很适合。

S 花草絮语 omething special

散尾葵属于棕榈科植物。提到棕榈科植物，人们首先想到的是海南沿海风光，红霞满天，海水辽阔湛蓝，长长的海岸线上点缀着树叶婆娑的椰子树，棕榈科植物以其优美的形态深入人心。当然棕榈科是一个大家族，世界上已知的就有3 000多种，棕榈科植物作为观赏树种用于庭院在世界各地流行，不少地区的人们都以拥有棕榈科植物为荣，以它来代表财富与社会地位。

P 小花草诊疗室 lant clinic

Q: 如何预防散尾葵出现红蜘蛛或甲壳虫?

A: 周围空气干燥会造成散尾葵生红蜘蛛，平时要定期为它喷水，注意房间的通风。

P 绿手指小百科 lant tips

散尾葵喜欢温暖湿润、半阴且通风良好的环境，不耐寒，较耐阴，放在室内散射光比较充足的地方。夏季不要阳光直晒，盆土不要积水，否则容易烂根，越冬最低温要在10℃以上，盆土用腐叶土、泥炭土加1/3河沙及部分基肥。生长旺盛期，要每半个月施一次稀薄的液态肥。

橡皮树 *Ficus elastica*

别称：印度橡皮树、缅榕

净化功能 Depurative function

橡皮树有绿色“吸尘器”的美称，它能吸附空气中的粉尘，对甲醛的去除也有极佳的效果。

适宜空间 Fitting space

客厅、书房、门厅、办公室，适宜摆放在灰尘比较多的地方。

花草絮语 Something special

橡皮树叶片硕大浓绿，是一种既显高贵又容易养护的常见观叶植物,居家和宾馆摆设象征着招喜添财、四面逢源。

小花草诊疗室 Plant clinic

Q: 如何让家里橡皮树常年碧绿端庄?

A: 家中摆放橡皮树，以中、小型的为好。当株高达1米左右时，可于早春在60～70厘米高处打顶，促其萌发侧枝，以后每年春季再酌情将侧枝剪短，让侧枝上再生新枝。经过几年修剪整形，株型就会变得丰满、端庄，否则任其自然生长则树冠就会中空，仅枝条顶端有叶，降低观赏价值。但需注意，每次修剪后都要立即用胶泥（花卉市场和大型超市有售）把切口堵住或涂上木炭粉，以免因汁液流出过多而失水枯死。

绿手指小百科 Plant tips

橡皮树喜欢阳光充足的温暖环境。生长适温为25～30℃，气温超过35℃时应将其移至凉爽通风处，并喷水降温。橡皮树虽喜光，但怕盛夏强光曝晒，夏季需将其移至阴凉处或室内通风半光处。生长季节给予充足的水肥条件才能生长健壮，叶色碧绿。秋冬季减少浇水量。夏季每天早晚各浇水一次，并经常向叶片上喷水，否则叶缘易枯焦。气温达到20℃以上时，可每月施1～2次以氮肥为主的稀薄液肥或复合肥。盆栽橡皮树，可采用腐叶土(或泥炭土)、园土、河沙各1/3混匀配制的培养土。

吊兰 *Chlorophytum comosum* (Thunb.) Baker

净化功能 Depurative function

吊兰被称为“甲醛克星”，一盆吊兰能吸收1立方米空气中86%的甲醛。植物学家发现，甲醛穿过吊兰叶子时，其毒性即被吊兰叶子气孔吸收转化成有机酸、葡萄糖和氨基酸等物质。

适宜空间 Fitting space

吊兰清秀洒脱，纤柔飘逸，优雅宜人，被称为“空中花卉”。配以清雅古色紫砂盆栽种，可置于客厅高几之上，任其自然下垂，还可摆放于浴室、卧室、书房、办公室，也容易成活。吊兰也可在水中培植，淡雅清新，鲜嫩可人。

花草絮语 Something special

吊兰常见的品种有：金心吊兰，叶中心有黄白色纵条纹；银边吊兰，叶边缘银白色；金边吊兰，叶边缘黄色；宽叶吊兰，叶长且较宽。吊兰为吉祥如意、纯洁高雅的象征。

小花草诊疗室 Plant clinic

Q：吊兰叶尖为何容易干枯？

A：吊兰最容易发生的生理性病害就是叶尖干枯，叶片短小。造成叶尖干枯的原因有很多种，如阳光直射、空气干燥、施肥不当等。施肥时，要注意把叶片撩起，不要沾上肥水，同时增加空气湿度，经常向叶面喷水，用清水洗净叶片，保持叶片的清洁。

绿手指小百科 Plant tips

吊兰喜欢温暖湿润的环境，夏，秋两季要避免强光直射，在半阴的环境即可。保持盆土湿润，经常用水清洗叶片，保持清新鲜亮。喜欢疏松、肥沃的沙壤土。生长旺盛期每15～20天施肥一次。如果花盆比较拥挤，要分株，春季换盆，把过密的根状茎分开。也可在春季剪下带有根须的幼株直接栽在花盆中。

绿萝 *Scindapsus aureus*

别称：黄金葛、藤芋

花草絮语 Something special

绿萝最早是在所罗门群岛被发现的，很快就在全世界推广。它的生命力极强，栽培形式多样，被人们称为“海陆空”植物，时下被上班族推崇。栽培它最有趣的地方就是观察它的叶片，只要它越往上长，叶片会越大，当它向下垂吊时，最下方的叶片反而会最小。

净化功能 Depurative function

每平方米的绿萝叶片24小时可以清除0.59毫克甲醛、2.48毫克氨。绿萝是净化甲醛、氨气效果极佳的植物。需要谨慎的是绿萝的汁液有毒，碰到会引起皮肤红肿，误食也会引起中毒，因此繁殖或换盆时一定注意防护，同时避免小朋友触碰。

适宜空间 Fitting space

绿萝是非常优良的室内装饰植物之一。叶片隽秀，宛如翠色浮雕。可以在较宽阔的客厅墙壁上拉好铁丝，让绿萝攀缘而上，也可置于家中客厅的高几上，任其潇洒下垂，还可采用立柱，让其昂首向上，还适宜点缀在餐厅、卧室、盥洗室内。

小花草诊疗室 Plant clinic

Q： 绿萝如何进行水培？

A： 绿萝的生命力极强，可用瓷盆、壁瓶进行水养，只要采摘几条嫩壮的顶梢，把部分茎节浸入水中，数日即可生根、成活。水培要注意每周换水1～2次。

绿手指小百科 Plant tips

绿萝喜温暖湿润的气候，生长适温为18～25℃，越冬温度为10℃以上。注意平时盆土湿度要足够，冬季生长缓慢。绿萝蔓茎细软，常延伸达20米以上，节处会长气根。耐阴性强，对光照反应敏感，怕强光直射，在室内间隔一个月要轮流放在光线明亮和光线不足的地方。盆土要疏松、肥沃，富含有机质，以腐叶土和泥炭土混合河沙为佳。平时要适度浇水，保持盆土间干间湿，叶片很喜欢水分滋养，要常常向叶片喷水，尤其是夏秋季。冬季要控制水量，维持盆土不干燥缺水即可。

苯C_6H_6

① 居室苯污染从何而来?

- 苯主要来自于建筑装饰中大量使用的化工原料，如涂料。在涂料的成膜和固化过程中，其中所含有的甲醛、苯类等可挥发成分会从涂料中释放，造成污染。
- 装修用的人造板材、胶水、油漆、溶剂等也含有大量的苯、二甲苯等。
- 图文传真机、电脑终端机也会释放出苯。

② 苯是什么样?

苯是一种无色、具有特殊芳香气味的液体，能与醇、醚、丙酮和四氯化碳互溶，微溶于水。苯具有易挥发、易燃的特点，其蒸气有爆炸性。

③ 苯对健康有哪些危害?

- 经常接触苯，皮肤可因脱脂而变得干燥、脱屑，有的出现过敏性湿疹。
- 国际卫生组织把苯定为强烈致癌物质。
- 较长时间吸入苯，可使人体的造血系统发生损害，导致再生障碍性贫血。
- 妇女对苯的吸入反应格外敏感，妊娠期女性长期吸入，会导致妊娠高血压综合症、妊娠贫血等症状，甚至会导致流产或胎儿畸形。

④ 如何判断是否受到苯的影响?

人们称苯为“芳香杀手”，可怕之处是让你失去警觉的同时悄悄地中毒。在室内久居，会感到头痛、欲呕、步态不稳、昏迷、心律不齐。

去除居室苯类的花草赢家

袖珍椰子 *Collinia elegans*

花草絮语 Something special

袖珍椰子株型小巧别致，酷似南国的椰子树，种在家中也可以领略南国风情，因此有“袖珍椰子”的美名。

净化功能 Depurative function

袖珍椰子能有效去除居室中的苯、三氯乙烯、甲醛，被称为“高效空气净化器”。

适宜空间 Fitting space

袖珍椰子非常适宜摆放在新装修的房间内，叶片娇美清秀，花果俊美，是时下颇为流行的植物佳品，适合布置客厅、餐厅、会议室等，具有南国情调，还可点缀书桌，又有“书桌椰子”的昵称。古典、时尚花盆栽种均显不同风格气质。

小花草诊疗室 Plant clinic

Q: 袖珍椰子与雪佛里椰子有什么区别?

A: 雪佛里椰子又称夏威夷椰子，拉丁名为*Chamaedorea seifrizii*，它们是同一个科的相似种，它的枝茎很挺拔，不向外生长，又称为“玲珑椰子”。它们都有很好的蒸发水分的作用，同时都具有去除苯、三氯乙烯、甲醛等挥发性物质的功能。

绿手指小百科 Plant tips

袖珍椰子喜欢温暖阴湿的环境，适宜温度为20～30℃，置于散射光处，忌强光照射，否则叶片会变黄。在比较阴暗的房间放置4～6周，影响也不大，这时需要移至窗边接受阳光调养。生长旺盛期，要充分浇水保持盆土湿润。冬季休眠期（13℃进入休眠期），控制浇水，一般要等盆土干后再浇水。夏季要向叶片喷水，增加湿度。在生长旺盛期，半个月施一次液态氮肥（花卉市场有售）。春季换盆时，注意不要伤及太多的根，否则恢复很慢。盆土用富含有机质且排水良好的沙壤土为佳。

垂叶榕 *Ficus benjamina*

别称：垂枝榕

净化功能 Depurative function

垂叶榕能去除居室中的苯、二甲苯、甲苯、氮氧化物、甲醛以及臭氧，还能增加室内的空气湿度，有益于我们的皮肤保湿和呼吸。

花草絮语 Something special

垂叶榕属桑科，是全年观叶植物，因叶片总是下垂而得名。在大型写字楼或会客厅中，垂叶榕搭配黄金葛、波士顿蕨会别有一番生动情趣，它象征着长久。

适宜空间 Fitting space

垂叶榕的小巧叶片使它成为居室里的漂亮装饰。它经常被室内设计师用来营造欢快的氛围，还可用来点缀客厅（尤其是新铺了地板的房间）、书房、卧室、餐厅、办公室。

小花草诊疗室 Plant clinic

Q: 垂叶榕叶子脱落，只剩下树枝是什么原因?

A: 这种植物不适宜搬来搬去，尤其是从一种环境换到另一种环境，通常会掉叶，但即便叶子全部掉光，也不会死掉，过一段时间就会有新叶长出。如果在冬季，要保持土壤湿润，春季一到，很快就能长出新叶来。

绿手指小百科 Plant tips

垂叶榕喜欢温暖湿润的环境，适宜放置在散射光多的地方，避免强光直射，忌低温、干燥环境。生长旺盛期应经常浇水，保持湿润状态。为了形成良好的树姿，每盆可栽 3 株苗。日照不足则节间伸长，叶片垂软，长势微弱；在日光下则叶肉变厚，富有光泽。应经常向叶面和周围空间喷水，以促进植株生长，提高叶片光泽。盆土可采用富含腐殖质的混合土，冬季盆土过湿容易烂根，需待盆干时再浇水。每半个月要施一次液氮肥，适当配合一些钾肥。生长适温为15～30℃。一般小型盆栽宜每年 4 月换盆一次，大型盆栽可2～3年换盆一次，以补充生长所需的养分。

苏铁 *Cycas revoluta*

别称：铁树、凤尾蕉

D 净化功能 epurative function

苏铁也是吸收室内苯类污染物的绝顶高手，而且能有效分解存在于地毯、绝缘材料、胶合板中的甲醛和隐匿于壁纸中对肾脏有害的二甲苯。

F 适宜空间 itting space

苏铁树形典雅，主干粗壮，坚硬如铁；羽叶洁滑光亮，四季常青，为珍贵观赏树种。南方多植于庭前阶旁及草坪内；北方作大型盆栽，布置庭院屋廊及厅室，殊为美观。需要注意的是苏铁的种子和茎顶部树心有毒，含有葫芦巴碱和微量砷，误食会使人恶心呕吐，腹痛、腹泻，甚至致命。因此养护时，触碰需戴防护手套，还要看管好小朋友不要误食。

S 花草絮语 omething special

苏铁科植物是世界上最古老的种子植物，曾与恐龙同时称霸地球，被地质学家誉为“植物活化石”。在民间，“铁树”这一名称用得较多，一说是因其木质密度大，入水即沉，沉重如铁而得名；另一说是因其生长需要大量铁元素，即使是衰败垂死的苏铁，只要用铁钉钉入其主干内，就可起死回生，重复生机，故而名之。俗话说“铁树开花，哑巴说话”、“千年铁树开了花”或“铁树开花马长角”，比喻事物的漫长和艰难，甚至根本不可能出现。但实际上并非如此，尤其是在热带地区，20年以上的苏铁几乎年年都可以开花。

P 小花草诊疗室 lant clinic

Q: 怎样保持苏铁的整齐株型?

A: 苏铁生长缓慢，每年仅长一轮叶丛，新叶展开生长时，下部老叶应适当加以剪除，以保持其整洁、古雅姿态。

P 绿手指小百科 lant tips

苏铁喜光照充足的环境。尽量保持环境通风，否则植株易生介壳虫。苏铁喜温暖，其生长适温为20～30℃，越冬温度不宜低于5℃。春夏生长旺盛时，需多浇水，夏季高温期还需早晚向叶面喷水，以保持叶片翠绿新鲜。每月可施液态肥一次。入秋后控制浇水，水分过多，易发根腐病。苏铁喜微潮的土壤环境，由于它生长的速度很慢，因此一定要注意浇水量不宜过大，否则不利于其根系进行正常的生理活动。从每年3月起至9月止，每周为植株追施一次稀薄液体肥料，能够有效地促进叶片生长。

合果芋 *Syngonium podophyllum*

别称：白蝴蝶、长柄合果芋

净化功能 Depurative function

合果芋的蒸腾作用能有效增加空气湿度，去除居室中的苯、甲苯、甲醛、二甲苯、氨气等挥发性有机物。它碧绿的叶子，能使人暂时忘却疲劳，舒缓压力。

适宜空间 Fitting space

合果芋枝叶繁茂，适合摆放在客厅视觉较低的地方，或悬挂在书房的花篮中，放在玲珑剔透的玻璃器皿中置于客厅茶几或书房的窗台上，也十分可爱。

花草絮语 Something special

合果芋是一种有趣的植物，它用自己宽大漂亮的叶子增加空气湿度，并吸收大量的甲醛和氨气。叶子越多，它过滤净化空气和保湿功能就越强。由于它生长速度惊人，你可以控制合果芋的生长速度，旧叶子被修剪后，新叶子会很快发芽。它是欧美十分流行的室内装饰植物。

小花草诊疗室 Plant clinic

Q: 合果芋夏天叶子变蔫是什么原因？

A: 夏天炎热潮湿，可能是烂根了，这时应换盆，并换掉原来的盆土，把烂根剪掉，把变黄的叶子也去掉。

绿手指小百科 Plant tips

合果芋喜高温高湿环境。适应性强，生长健壮，能适应不同光照环境。强光处茎叶略呈淡紫色，叶片较大，色浅；弱光处则叶片狭小，色浓暗。夏季以遮光50%为宜。生长适温22～30℃，16℃以下生长缓慢。越冬温度10℃以上为宜。冬季有短暂的休眠。花期夏秋季。合果芋不需要强烈的光照，喜欢明亮的散射光，可以放在居室的北窗或东窗，盆土保持湿润。夏季向叶面喷水。冬季浇水使盆土保持间干间湿。盆土用肥沃疏松和排水良好的沙壤土。合果芋非常适合水养，一般植株上已经有很长的气生根，插在水里很快就能生出根，也不需要经常换水，自来水就可养活，可以说是最好养的植物了。

红掌 *Anthurium andraeanum*

别称：火鹤花、烛台花

净化功能 Depurative function

红掌吸收甲苯、二甲苯的效果极佳，对存在于油漆、化纤、溶剂中的氨也有很好的抗性，对甲醛也有很好的去除功效。

适宜空间 Fitting space

红掌叶片浓绿，平滑细长，螺旋状的肉穗细嫩可人，由于花期长达4个星期，点缀于客厅可增加房间的生动情趣，点缀书房案头会使人精神焕发。它的水培品种更是上班族的最爱。

花草絮语 Something special

1876年，法国的植物学家安祖在美洲哥伦比亚考察时发现了一种美丽的植物，它的花犹如伸开的红色小手掌，小巧别致，因此以他的名字命名为“安祖花”，又因其形似手掌，得名“红掌”。后来又发现白色的，称为“白掌”。红掌研究在世界科研领域已处于较为深入的阶段,其中欧洲水平较高,亚洲次之。荷兰在红掌的系统研究中居于领先地位。

小花草诊疗室 Plant clinic

Q：由于冬季低温和干燥，红掌的叶子都落了怎么办？

A：这样的植物在第二年春天要充分灌水，使其恢复生机。待萌发新芽后，从盆中挖出，除去下面的残叶和老根换盆。

Q：红掌换盆时要注意什么？

A：换盆时，要在盆的底部1/3处放一些碎石块作为排水层，然后再添加培养土。

绿手指小百科 Plant tips

掌握湿度是养好红掌的关键，从春季到秋季，要每天向叶片喷水，注意不要将水喷到花上，并向周围喷雾。冬季盆土略干时，每周要向叶片喷水，还可在根周围的土中放入20%的吸水石或保水青苔（花卉市场有售），可促使根部发育。春、夏、秋季要适当遮光，冬季要放在阳光充足的地方，光强开的花大，颜色鲜艳，但叶片容易变黄。如果喜欢它美丽的叶片，要避免强光照射。如果它的花盆底部有水盘，注意每次浇水时把水盘中的水倒掉，避免根系腐烂。2～3年换盆一次，在春季进行。盆土选用疏松、肥沃、透气、利水性强的土壤，土中可以用稻壳、核桃壳、树皮、炭渣、珍珠岩等基质。如果盆中的茎枝很多，可以用分株的方式换盆。

近年来很流行红掌水培，水培时，把根系没入水中，关键在于施用肥料，肥料用市售的无土培养专用制剂，并定期更新营养液。

菊花 *Dendranthema morifolium*

别称：黄花、节花

净化功能 Depurative function

菊花能有效地分解两种有害物质，即存在于地毯、绝缘材料、胶合板中的甲醛和隐匿于壁纸中对肾脏有害的二甲苯。

适宜空间 Fitting space

客厅高几、窗台、阳台花架、书房案头。

小花草诊疗室 Plant clinic

Q: 如何使菊花花朵饱满硕大?

A: 菊花长至10厘米时，开始摘心，只留底下的4～5片叶子，待新叶长出，新枝有5～6片叶子时再进行摘心，使植株保持有4～5个主枝，让菊花矮而壮，这样以后一盆菊花就可以开4～5朵饱满硕大的花了。

绿手指小百科 Plant tips

菊花喜欢湿润、阳光充足的环境。它的水分蒸发量较大，浇水要间干间湿。夏季浇水要充足，在清晨和傍晚各浇一次，并向叶片喷水，注意盆内不要积水。立秋后，控制水量，防止植物徒长。立秋后开花前要施肥，有专用的菊花肥（富含磷质），施肥要淡，并注意不要把肥洒到叶片上，最好施肥结束后再向叶片喷水，冲淋。菊花在冬季花谢后，剪除老茎，浇一次水，然后把花盆放到阳光充足地方过冬，过冬盆土不干就不用浇水。盆土以腐叶土或泥炭土与培养土混合，也有专用菊花花土。

香龙血树 *Dracaena fragrans*

别称：巴西铁树、巴西木

净化功能 Depurative function

叶片与根部能吸收二甲苯、甲苯、三氯乙烯、苯和甲醛，并将其分解为无毒物质。在抑制室内有害物质方面，其他植物很难与它媲美。生命力强，只要稍加关心，就能给居室带来清新优质的空气。

适宜空间 Fitting space

香龙血树富有魅力的外形，受到室内设计师的喜爱，成为都市中热销的室内植物之一。香龙血树原来多为一盆一柱，时下流行的是一盆三柱，三柱由高到低，把叶片分成三层，呈塔形结构，布置客厅一角展现错落有致、茂密葱茏的丛林景观。它还可布置办公室，对办公室昏暗干燥环境的适应能力强，花盆一般选择有亚热带风情的瓷盆为主，时尚典雅。

小花草诊疗室 Plant clinic

Q: 香龙血树买到家后发现有了病虫害如何处理？

A: 病虫害主要是藏在枝干内从原产地带来的蛾类害虫卵所致，受病虫害侵袭，香龙血树会树皮松落，叶片脱落。在家庭中，可以剥开植物的局部树皮，夹出害虫，然后用浸泡烟草（香烟丝也可）的浸出液（主要成分是烟碱）喷施数次即可，同时要保持叶面清洁，适当通风。

Q: 购买香龙血树时要注意什么？

A: 购买香龙血树，要看枝干是否有损伤，同时用手轻按树皮，如果受病虫侵害过，树皮会很软。再轻摇枝干，如果不松动，说明长出了根，否则不易成活。叶片颜色要清新明亮，家庭装饰选择1.3～1.6米高的植株为好。

花草絮语 Something special

香龙血树原产于热带地区，植株可高达5～6米，花很小，黄绿色。它的切口能分泌有色的汁液，得名龙血树。常见的品种有金边巴西木、银边巴西木、中斑巴西木。

绿手指小百科 Plant tips

香龙血树喜欢温暖的环境，有很强的抗旱能力，能耐室内有空调的环境。要避免阳光直射，否则会淡化叶片斑纹。生长期要供水充足，保持盆土湿润。每半个月施一次液肥，以磷、钾肥为主，氮肥要少用，否则易徒长，叶片金黄色斑纹不明显。冬季保持盆土稍干。植株长得过高，可将顶端剪去，促发下芽。花卉市场上的香龙血树多用精沙土，主要是有利于发根，长期使用不利于生长，需更换成腐叶土、培养土和粗沙的混合土为好。

花叶万年青 *Dieffenbachia picta* (Lodd.) Schott

别称：白玉黛粉叶

D净化功能 epurative function

经科学研究，一盆中型花叶万年青在24小时就能去除10平方米居室中70%～90%的苯，任何品种的万年青都可以去掉密闭空间里六成以上的甲醛，人称媲美“净化机”的植物。

F适宜空间 itting space

花叶万年青是美丽的观叶植物，亮丽的叶片是插花的上好材料，适宜中小型盆栽，放于客厅或书房，耐阴易活。

S花草絮语 omething special

要留意的是万年青的汁液有毒，虽毒性不强，但不小心误食仍会引起红肿、疼痛甚至麻痹，无法说话，因此它又称“哑蔗”，要避免小朋友触碰它。

P小花草诊疗室 lant clinic

Q: 养了两三年的花叶万年青，茎基部脱叶是什么原因？

A: 两三年的花叶万年青叶片容易老化，春季换盆时，把老叶剪掉，茎的基部就会重新发出新叶。如果盆中比较拥挤，茎秆重新插入新盆土中也会长出新叶。盆内植株拥挤，要注意分株处理。

P绿手指小百科 lant tips

花叶万年青喜高温高湿的环境，为耐阴植物，冬季要放在阳光充足的地方养护，夏季每2～3天浇水一次，冬季则1周浇一次。春、夏、秋三季，每半月施一次液态氮肥，叶色会更亮丽。换盆、修剪时必须戴手套，工作结束要洗手。盆土以富含腐殖质排水良好的沙壤土为佳。

氨NH_3

❶ 居室中氨的污染从何而来?

- 主要来自建筑施工中使用的混凝土外加剂。混凝土外加剂的使用有利于提高混凝土的强度和施工速度，却会留下氨污染的隐患。
- 室内空气中的氨还可来自室内装饰材料，比如家具涂饰时用的添加剂和增白剂大部分都用氨水，氨水已成为建材市场的必备。

❷ 氨是什么样?

无色，具有强烈的刺激性臭味，比空气轻。

❸ 氨对健康有哪些危害?

- 对眼、喉、上呼吸道作用快，刺激性强，轻者可引起充血和分泌物增多，重者可引起肺水肿。
- 长时间接触低浓度氨，可引起喉炎、声音嘶哑。
- 接触一定浓度的氨，对皮肤有腐蚀性，使皮肤变得粗糙，老化。

❹ 如何判断是否受到氨的影响?

- 一般来说，氨污染释放期比较快，不会在空气中长期积存，对人体的危害相对小一些，但是也应引起大家的注意。
- 眼、喉感觉有刺激性，分泌物增多，长时间接触可引起喉炎、声音嘶哑。
- 头晕、恶心、呕吐，严重者有呼吸困难或窘迫症状。

❺ 如何减少居室中氨的污染?

- 由于氨极其容易挥发，因此房间要加强空气流通。
- 种植适宜的花草，一般能达到很好的效果，比如棕竹、白掌、发财树、绿萝、无花果、腊梅等。

《民用建筑工程室内环境污染控制规范》GB 50325—2001

污染物种类	Ⅰ类民用建筑工程	Ⅱ类民用建筑工程
氨气	≤0.2毫克/立方米	≤0.5毫克/立方米

注 Ⅰ类民建工程包括住宅、医院、教室、幼儿园等；
Ⅱ类民用建筑工程包括商场、办公楼、体育馆、书店、宾馆等。

去除居室氨污染的花草赢家

棕竹 *Rhapis excelsa*

花草絮语 Something special

棕竹有很多变种，它的叶片油亮细长，似竹叶，不过它与竹子的科属相距很远！它属于棕榈科多年生植物。棕竹中比较广泛栽种的是观音棕竹，产于我国，后传入日本及其他国家，它常被用来种植在庙宇附近，逛花市常见到的就是这种观音棕竹。

净化功能 Depurative function

在美国太空总署的一项研究中，发现棕竹是净化空气的绝佳植物，位居第二，黄椰子第一，它能吸收空气中的大部分有毒气体，尤其是氨气和氯仿，效果极佳。

适宜空间 Fitting space

棕竹是较为古典的室内植物，外观挺拔似竹，适宜放在玄关、客厅入口，与褐色花瓷盆比较相配，还可以摆放在客厅的角落。它具有耐阴性，可以摆放在卫生间，去除污浊的气体。在台湾人们认为观音棕竹可以带来平安。

小花草诊疗室 Plant clinic

Q: 家养的棕竹叶梢变黄怎么办?

A: 检查一下观音棕竹在冬天是否受了冻害，它的越冬温度不能低于5℃，如果受了冻害，它的叶梢会变黄，这时需要剪掉黄叶梢，放到温暖的地方，春季重新换土，待新芽长出。

绿手指小百科 Plant tips

棕竹相当耐阴，放在阴暗的房间3个月仍能生长良好，但也要适当见见阳光，避免阳光直射。它不耐干旱，要保持盆土湿润。夏季干燥，除了浇水，还要向叶面喷水，保持空气湿润。常用湿毛巾把叶片上的尘土拭去。生长期每月施一次长效液氮肥，冬季不需要施肥。不要经常刮蹭它的叶子，以免损伤脱落。棕竹几乎很少生病，生命力很旺盛。

孔雀竹芋 *Calathea makoyana*

净化功能 Depurative function

一盆中型的孔雀竹芋在10平方米的空间内，24小时可清除0.86毫克的甲醛，2.19毫克的氨气。

适宜空间 Fitting space

孔雀竹芋是近年来进入我国的时尚精品花卉，叶片花纹光泽绚丽，适宜布置客厅、书房，南方温暖地方可以分栽摆放于庭院。

花草絮语 Something special

孔雀竹芋株型整齐，有着美妙精致的斑纹、独特的金属光泽，色彩清新、华丽、柔和，褐色的斑块犹如孔雀开屏，因此得名“孔雀竹芋”。

小花草诊疗室 Plant clinic

Q: 孔雀竹芋叶片萎缩怎么办?

A: 孔雀竹芋的叶片卷曲，说明它生活的环境温度、湿度不适。每天要向叶片喷雾3次左右，保持叶片及周围环境湿润，同时保持盆土湿润，避免积水，否则容易烂根。施肥注意要用稀薄的液肥，否则容易使根部腐烂。

绿手指小百科 Plant tips

孔雀竹芋是一种产于美洲热带森林及阴湿地的美丽植物，它喜欢明亮的散射光，不耐寒，生长适温为18～25℃，越冬温度为5℃，夏季避免阳光直射，它比较耐阴，冬季多晒太阳，要摆放在阳面的房间，它对水的要求较高，雨水最佳，如果是自来水，需存放几天再浇，盆土干时浇水即可，保持盆土湿润。夏季要向叶面浇水，同时保持周围环境湿润。生长期每半月施一次稀薄氮肥，冬季则减少施肥次数。土壤以富含腐殖质、排水良好的沙壤土为佳，换盆最佳时间为4～5月份，同时可以分株。

马拉巴栗 *Pachira aquatica*

别称：发财树、栗子树、美国花生

净化功能 Depurative function

马拉巴栗是联合国推荐的环保树种之一，它能吸收空气中的甲醛、氨气，对一氧化碳、二氧化碳也有净化作用。

适宜空间 Fitting space

马拉巴栗生命力旺盛，青绿鲜嫩的叶片，点缀在粗壮的茎秆上，玲珑可爱，是热门的室内观赏植物之一，常编成辫子形状，布置在客厅窗边，有财源滚滚之意。在大型宾馆也常用它来布置大堂，意为招财进宝。

小花草诊疗室 Plant clinic

Q：把马拉巴栗从客厅移到了卧室养护，发现它开始落叶是什么原因？

A：它适宜全日照或半日照环境，但不可突然改变光照条件，否则就会落叶或黄化。

花草絮语 Something special

在南国，有很多象征好运势的花木，发财树名字响当当，被视为招财进宝之木，还有黄金葛、金钱树、翡翠木，送花礼有称“发财树、运势挡不住”。

绿手指小百科 Plant tips

马拉巴栗枝条柔软，国内多把它编成辫子形状。是喜光植物，适宜全日照和半日照环境，较耐干旱，放在室内，要经常转动盆的方向，均匀接受光照，浇水以盆干即浇为宜，生长期每月施肥一次，以磷钾肥为主。盆土以肥沃的沙壤土为佳。

无花果 *Ficus carica*

花草絮语 Something special

无花果的鲜果实肉质松软，果实甘甜，味美爽口，营养丰富。据分析，无花果含有大量葡萄糖和蔗糖、有机酸、生物碱、果胶、芦丁、蛋白酶和多种维生素、烟酸和8种人体必需的氨基酸，还含有可以防止衰老、延年益寿的超氧化物歧化酶。

净化功能 Depurative function

无花果叶片能吸附居室中的氨气、二氧化硫、二氧化氮、硫化氢、氯化氢、苯、硝酸等有毒物质，是净化空气的上乘果木，对环境具有良好的保护作用。

适宜空间 Fitting space

无花果的枝干洁净、姿态优美，不仅是大地绿化的优良树种，也是适合盆栽的果树观赏品种。它株型茂密丰满，姿态粗犷潇洒，小果玲珑可爱，不仅可以点缀阳台，也可以装饰厅堂和卧室。

小花草诊疗室 Plant clinic

Q: 居室无花果如何保持好的株型？

A: 修剪无花果的树形一般有开心形、丛状形、杯状形、自然圆头形等，一般幼龄树修整为“x”形或“一”字形，成年树为开心形。每年冬季修剪，以促枝条充实，夏秋结果过多的树，根据树势修剪，整形期间主枝不可太多。

绿手指小百科 Plant tips

无花果性喜温暖，也能耐较高的温度，由于它是落叶果树，因而也能忍受较低气温。当冬季温度达到－12℃时，新梢顶端开始受冻害，在－22～－20℃时，则根颈以上部分会受冻死亡。由于无花果叶片面积较大，根系发达，因而要求光照充足。较耐旱而怕涝。其木质韧度较差，不宜在风口处栽种。它对土壤要求不严，微酸到微碱均可正常生长，以肥沃、湿润、保水较好的沙壤土为宜。

总挥发性有机化合物（TVOC）

❶ TVOC是什么意思？

挥发性有机物常用VOC表示，它是Votatile Organic Compound三个词第一个字母的缩写，总挥发性有机物用TVOC来表示。

❷ TVOC从何而来？

TVOC 所含有的有机物质有近千种之多。在室外，主要来自燃料燃烧和交通运输；室内则主要来自燃煤和天然气等燃烧产物，吸烟、采暖和烹调等的烟雾，油漆、含水涂料和黏合剂、化妆品、洗涤剂、捻缝胶、人造板、泡沫隔热材料、塑料板材、壁纸、地毯、挂毯和化纤窗帘、家具，家用电器，清洁剂和人体本身的排放等。

❸ TVOC是什么样？

TVOC包括：苯系物、有机氯化物、氟利昂系列、有机酮、胺、醇、醚、酯、酸和石油烃化合物等。在常温下以蒸气的形式存在于空气中，TVOC有臭味，有刺激性，而且有些化合物具有基因毒性。

4 TVOC对健康有哪些危害?

当TVOC浓度为每立方米3～25毫克时，会产生刺激和不适，与其他因素联合作用时，可能出现头痛；当TVOC浓度大于每立方米25毫克时，除头痛外，可能出现其他的神经毒性作用。TVOC能引起机体免疫水平失调，影响中枢神经系统功能，出现头晕、头痛、嗜睡、无力、胸闷等症状，还影响消化系统，出现食欲不振、恶心等，严重时甚至可损伤肝脏和造血功能。

5 如何判断是否受到TVOC的影响?

在居室中睡一夜后有头痛、恶心、咽喉痛、无力、胸闷等症状时即受到了TVOC的影响。

6 如何减少TVOC的影响?

在购买涂料或装修材料时，要购买TVOC含量低的绿色环保产品，对于儿童房间更要选择专业厂家的环保油漆。

在室内种植适宜的植物，去除TVOC的污染。以下例举如何对TVOC中的不同污染源进行有效清除。

居室中油烟、香烟中有毒气体危害

1 居室油烟中含有哪些有害气体?

油烟成分复杂，含有200多种有毒气体，它的主要成分是醛、酮、烃、脂肪酸、醇、芳香族化合物、酮、内酯、杂环化合物等。

2 油烟对人体有什么危害?

- 食欲减退，精神不振。锅的温度超过240℃，油会发生质变，产生大量有害油烟，油烟吸入呼吸道，可引起食欲减退、心烦、精神不振、嗜睡、疲乏无力等症状，医学上称为“油烟综合征”。
- 慢性角膜炎、鼻炎、咽炎、气管炎。
- 皮肤粗糙有皱纹、掉头发、发胖。油烟颗粒堵塞皮肤毛孔，导致女性皮肤干燥粗糙、出皱纹、色斑，中年女性则更易发胖。
- 导致肺部病变。油烟中的有毒物质苯并芘，能使人体组织发生病变，如果长期接触油烟，发病率将会增加2～3倍。
- 油烟中的脂肪氧化物容易引发心、脑血管疾病，特别是对中老年人的危害更大。

3 香烟燃烧后产生的气体有什么危害?

香烟烟雾是一种悬浮微粒，其中有尼古丁、烟焦油、氰氢酸、烟碱等有毒物质，我们常说吸二手烟，就是指吸入了这些物质。吸烟对身体造成极大危害，可引发哮喘、肺气肿、肺癌等。

去除居室油烟、香烟中有毒气体的植物高手： 橡皮树、仙人掌、冷水花、鹅掌柴、常春藤、花叶芋、吊兰等。

去除居室油烟、香烟中有毒气体的花草赢家

仙人掌 *Opuntia dillenii*

净化功能 Depurative function

仙人掌的针刺可以吸附粉尘。同时它还有防电脑辐射的作用。仙人掌排放的植物杀菌素，能杀死空气中的有害微生物。它与大部分植物进行着截然不同的光合作用，大部分植物白天吸收二氧化碳，释放氧气，夜晚排出二氧化碳，而仙人掌则是夜间吸收二氧化碳，释放氧气，因此仙人掌与其他植物搭配养护可以起到很好的净化作用，很适宜摆放在卧室。

适宜空间 Fitting space

仙人掌坚韧的个性很适宜忙碌的上班族。在家中，拿生锈的器皿，缺角的杯子都可以做出有趣的“仙人掌组合”，目前市场上用各式各样可爱的瓷盆装点的植物，更能活跃居室的气氛。你可以把它放在窗台，可以点缀在卧室床头柜、梳妆台，还可以装点案头，不过需要注意的是很多品种的仙人掌刺容易扎人，一定要小心，不要让小朋友触碰。

花草絮语 Something special

墨西哥素有“仙人掌之国”的美称。仙人掌是墨西哥的国花。仙人掌还有“沙漠英雄花”的美誉。高原上千姿百态的仙人掌在恶劣环境中，任凭土壤多么贫瘠，天气多么干旱，它却总是生机勃勃，凌空直上，构成墨西哥独特的风貌。为了展示仙人掌的风采，弘扬仙人掌精神，每年8月中旬在墨西哥首都附近的米尔帕阿尔塔地区举办仙人掌节。节日期间，政府所在地张灯结彩，四周搭起餐馆，展售各种仙人掌食品。

小花草诊疗室 Plant clinic

Q: 仙人掌要预防哪些病害?

A: 仙人掌一般不容易生病，但是如果浇水过多，会导致根腐烂，皮面发皱，因此一定要控制浇水。

绿手指小百科 Plant tips

许多人种植仙人掌，是因为它不用经常浇水，极其耐旱，没错，它的耐旱程度高于其他很多植物。尽管耐旱，它也需要你的呵护，一般要待盆土干了再浇水，浇水后要放在阳光充足的地方。如果有条件，还可以隔一两个月把它放在庭院里，接受充分的日光浴，它在全日照的条件下，会更健康有形。室内盆栽仙人掌，以选择小型、花多的球形种类为宜。

盆土要求排水透气良好、含石灰质的沙土或沙壤土。新栽植的仙人掌先不要浇水，每天喷雾几次即可，半个月后才可少量浇水，一个月后新根长出才能正常浇水。冬季气温低，植株进入休眠期，要节制浇水。开春后随着气温的升高，植株休眠逐渐解除，方可适当浇水。每半个月施一次稀薄液肥（花市有专用仙人掌肥），冬季则不要施肥。

鹅掌柴 *Schefflera octophylla*

别称：鸭脚木

净化功能 Depurative function

鹅掌柴给吸烟家庭带来新鲜的空气。它的叶片可以从烟雾弥漫的空气中吸收尼古丁和其他有害物质，并通过光合作用将之转换为无害的植物自有物质和新鲜的空气。它还能充分吸收空气中的甲醛，是良好的居室环保植物。

花草絮语 Something special

鹅掌柴叶面光亮，色泽典雅，翠绿鲜亮，因此常被用作插花陪衬材料，同时还是南方冬季的蜜源植物，它的叶和树皮可作药用。

适宜空间 Fitting space

形如鹅掌的玲珑叶片，亭亭玉立，黄绿相间，若置于客厅，使用铜色金属盆器栽种会带来时尚的精巧之美，若内用泥炭盆，外用竹篮配于厅堂又有鲜亮清雅之优。适合在客厅、庭院、大堂、吸烟区、阳台栽种。

小花草诊疗室 Plant clinic

Q: 鹅掌柴在养护的时候叶片变黄脱落是什么原因？

A: 偶尔有老叶脱落是正常现象，大量叶片变黄脱落的原因可能为：一是浇水过多，要控制浇水量；二是室温突然降低（它需要的室温不要低于12℃）。把它从强光区突然移至弱光区，或从弱光区移至强光区，也会大量落叶。

绿手指小百科 Plant tips

鹅掌柴对生长环境要求不高，非常适合没有经验的种植者。它喜欢半阴环境，在明亮且通风良好的居室内可较长时间观赏。如果修剪掉芽附近的嫩枝，它可以长到3米之高，并且非常漂亮和浓密。体积较大的鹅掌柴需要用竹竿来加固。 两年左右换盆一次，盆土用排水良好的泥炭土或腐叶土加一些细沙。生长期半个月施肥一次，以稀薄的氮肥为主，如果氮肥过多，会烧根。鹅掌柴生长较慢，又易萌发徒长枝，平时需注意整形修剪。盆土间干间湿，春秋季每周浇水一次，夏季高温时，每天早晚向叶面喷水，如果水量不足，会脱叶，但不要积水，冬季控制浇水量。

冷水花 *Pilea cadierei*

花草絮语 Something special

冷水花的花语是顽皮，时尚。它低矮，却玲珑，普通却不乏高雅，绿叶中有银光点点,像随时告诉你，不要忽略它。它极为耐阴且生长旺盛,只要给它一些水的滋养,你就能全年欣赏它那美妙的绿色。

净化功能 Depurative function

冷水花对厨房油烟有极佳的净化作用，被称为家庭主妇的“健康花草”，放在室内，还可以吸收甲醛、苯等有害气体，使室内环境清新干净，被人们称为经济实惠的“空气清新剂”，也是居室中比较流行的小型花卉。

适宜空间 Fitting space

冷水花株型小巧，叶色秀美，适应性强，比较好养，颇受家庭养花者的欢迎。在居室中可以扮以玲珑的花篮，点缀厨房、餐厅、盥洗室，还可陈设在窗台、茶座和案头，也可用来装饰会议桌和餐桌。

小花草诊疗室 Plant clinic

Q：怎样保持冷水花圆浑紧凑的花型？

A：保持冷水花美丽的花型，需要定期修剪，它的枝干生长很快，长到40厘米左右时，一般就要倒伏，所以这时应进行短截，促发下面的腋芽抽枝，使植株浓郁紧凑。

绿手指小百科 Plant tips

冷水花比较耐寒，冬季放在有供暖设备的室内能安全越冬。喜温暖湿润的环境，怕阳光曝晒，在半阴的环境下叶色白绿分明，节间短而紧凑，叶面透亮并有光泽。在全部蔽荫的环境下常徒长，节间变长，茎秆柔软，株型松散容易倒伏。对土壤要求不严，能耐弱碱，较耐湿，不耐旱。盆土用泥炭土或腐叶土，每年换土一次。春、夏、秋三季放在半阴处养护，冬季充分见光。盆土保持间干间湿，勿积水，5～6月间共追施3次液肥，以后不再追肥。

花叶芋 *Caladium bicolor*

别称：彩叶芋

净化功能 Depurative function

花叶芋植株上的纤毛能吸附空气中的粉尘微粒及烟尘，被称为“天然除尘器”。

适宜空间 Fitting space

花叶芋叶形美丽，叶色及斑纹变化多样，丰富多彩，是理想的室内观叶植物，可以与绿萝等花卉一起种植在高脚花盆中搭配点缀，用来装饰客厅、大堂。还可以独立放在案头上，给人以清新、典雅、热烈之美。

花草絮语 Something special

花叶芋有观叶植物少有的鲜艳颜色，白色叶片中有绿色的叶脉是其代表品种，还有红色叶脉的，也有三色叶脉的，绿边红叶也是其中一种，它的种类十分丰富，是美观时尚的室内装饰植物。

小花草诊疗室 Plant clinic

Q： 怎么样保持花叶芋美丽的叶色？

A： 花叶芋美丽的叶片如果变得色淡，缺少生机，这时需要将它放在东、南窗附近，光线太强或太弱都会影响叶片的观赏性。

绿手指小百科 Plant tips

花叶芋喜欢温暖湿润半阴的环境，宜放在居室中明亮的散射光处，不要放在阳光下直晒。夏季要经常向叶片喷水，保持叶片湿润，春夏旺盛生长期应保证供给充足的水分，生长季每月施1～2次稀薄速效液肥，最好氮磷钾肥混配均匀，不可偏施氮肥，否则易引起植株徒长，叶面斑纹暗淡。花叶芋以观叶为主，应及时摘除花蕾。盆栽用土应为疏松、排水良好、富含腐殖质的壤土。立秋后，花叶芋进入休眠期，要保持土壤干燥，待地上部分全部枯萎，可挖出块茎放通风处，干燥后进行沙藏，室温保持在15℃以上，不能用手拔，否则影响根系生长，贮藏到春季重新栽培。

去除居室氟化氢、二氧化硫、硫化氢、一氧化碳等有毒气体的花草赢家

S 花草絮语 Something special

天门冬的根是肉质根，常用来做中草药，日本人很喜欢天门冬食品，把它的根煮熟，清香细腻，还可以做成蜜饯，具有滋阴、润肺、降火的功效。

天门冬 *Asparagus cochinchinensis* (Lour.) Merr.

别称：天冬草

D 净化功能 Depurative function

天门冬吸收空气中的氟化氢，清除重金属微粒。植株散发的气味，具有杀菌的功能。

F 适宜空间 Fitting space

天门冬既有文竹的秀丽，又有吊兰的飘逸，嫩绿多姿的枝条是插花的绝好配衬材料，浆果鲜红悦目，10～11月成熟。翠绿茂盛的枝叶和鲜红的果实，构成了天门冬独特的观赏价值。可装饰客厅高几、窗台、书架，还可布置会场，观叶、观果，许多地方用来垂直绿化大堂。

P 小花草诊疗室 Plant clinic

Q: 如何防止天门冬叶片发黄？

A: 叶片发黄的原因通常是光照过强或过弱，施肥不当，营养不良。如果营养不良，那么应该换盆，剪除部分老根，补充肥沃的培养土。光照方面，要防止夏季强光直射，又不可长期置于阴暗处。冬季温度低，浇水偏多，引起烂根也会使叶片发黄，因此要注意浇水量和温度的控制。

P 绿手指小百科 Plant tips

天门冬喜阳光，也耐阴，在湿润气候下生长良好，冬季要保证温度不低于 5℃，否则会生长不良。春、秋两季，8～10天施一次液肥，夏冬则少施。要求疏松肥沃、排水良好的土壤，可以用腐叶土加园土和磷钾肥混合，土壤要保持湿润透气。夏季切忌太阳直射，放在半阴处养护。秋季气候干燥，常向叶面喷水；冬季不低于6℃，可安全越冬，少有病虫害。分株繁殖，即将生长茂盛的植株在春季结合换盆分株，每盆分3～5枝带有根系的枝条，置半阴处养护。分株后剪去过多的根须或过长的枝条，一般每株保留5～7个块根，枝条保留25～30厘米长即可。

金橘 *Fortunella margarita* Swingle

净化功能 Depurative function

金橘对氟化氢、汞蒸汽、一氧化碳有很强的吸收作用，它散发的气味还具有杀菌抑菌的功能。

适宜空间 Fitting space

金橘是时下十分流行的植物盆栽，它枝叶茂密，叶色浓绿，金黄诱人的果实芳香四溢，适宜摆放在客厅、卧室、餐厅、大堂。

花草絮语 Something special

金橘俗称“金弹子”,是用来点缀居室的重要植物，它象征着财富和吉祥，史载宋时只有皇后等人能食之。旧俗新年金橘盆景置于案头，以之象征吉祥如意，预兆一年顺遂。民间还认为，金橘兆发财，四季橘祝四季平安，朱砂红橘挂在床前，祈“吉星拱照”。

绿手指小百科 Plant tips

金橘喜欢温暖湿润的环境，适宜放置在阳光充足的地方。生长期浇水以盆土干即浇为原则，切忌积水，引起烂根。夏季发新梢时期，要控制浇水量，以间隔10天为宜，10月以后逐渐减少水量。春季生长期，每10天施液态氮肥一次，5月中旬至9月，是花果期，以磷钾肥为主，每半月施肥一次即可。开花后，如花多，要注意疏花；着果后，如果多，要适当疏果。春节过后，要摘掉果实，以减少养分消耗。

海桐 *Pittosporum tobira*

别称：宝珠香、七里香

净化功能 Depurative function

花谚说，“七里香降烟雾，又是隔音好植物”，它能吸收光化学烟雾，还能防尘、隔音。它对氟化氢、氯气、二氧化硫的吸收能力也很强。

适宜空间 Fitting space

适宜布置客厅、大堂、办公室、庭院、阳台。

绿手指小百科 Plant tips

海桐可长期摆放在南窗附近光线明亮处，喜光照和温暖的气候，属常绿灌木或小乔木，生长很快，因此生长期不可施肥太多。分枝力较强，耐修剪，开春时需修剪整形，保持优美的树形。新叶嫩黄，随后转深绿色。花期5～6月，花白色，生于枝顶呈伞状，对土壤适应性强。

山茶花 *Camellia japonica*

别称：茶花、华东山茶、川茶花、晚山茶、耐冬、曼陀罗树

净化功能 Depurative function

山茶花能吸收二氧化硫、氯化氢、铬酸和硝酸烟雾，还有抗尘功能。

适宜空间 Fitting space

山茶花树冠优美，叶色鲜亮，花大色鲜，花期逢元旦、春节，点缀客厅、书房和阳台，有典雅豪华之气，又不乏自然怡人之美，配以古铜色花盆更增添高贵之气。

小花草诊疗室 Plant clinic

Q：何时摘花疏蕾比较合适？

A：山茶花谢后，要及时摘除残花，减少养分损耗。当花蕾长到豆粒大小时，要进行疏蕾，每枝留一个蕾，其余摘除，这样开出的花大而美丽。

花草絮语 Something special

《本草纲目》中记载：“山茶花其叶类茶，又可作饮，故得茶名”。山茶花花期数月之久，多数品种在1～2月，更早的在12月开放，有诗云：“雪里开花到春晚，世间耐久孰如君”，以此来形容山茶花花期之长。

1960年，我国植物学家在广西发现金花茶，被誉为“金色皇后”，震动了世界园艺界。

绿手指小百科 Plant tips

山茶花喜半阴，对光敏感，忌阳光直射，宜放在散射光充足的地方，喜湿润环境，酷热及严寒均不适应。生长期应保持充足水分，同时叶片每天喷水1次，夏季遮阴。每月施肥一次，同时在抽新梢前后施肥，肥料以磷钾肥为主。9～10月换盆土，盆土宜用疏松、肥沃湿润、排水良好的微酸性土壤。其比例为壤土与腐叶土或泥炭土等量混合，并加入少量河沙。

现代月季 *Rosa hybrida*

净化功能 Depurative function

月季有较强的净化空气作用，它可以吸收空气中的一些污染物，如二氧化硫、硫化氢、氟化氢、乙醚、氯气、二氧化碳、苯等。需要注意的是月季花香气久闻会使人心情郁闷，它的刺伤人也会引起皮肤疼痛，因此应避免摆放于卧室。

适宜空间 Fitting space

月季是家庭中常见的植物，可以布置客厅、窗台、阳台、庭院、书房。需要注意的是月季的花香比较浓郁，有呼吸系统疾病的患者不宜与月季长期接触。

花草絮语 Something special

月季花和玫瑰花

从植物学角度来说，“月季”、“玫瑰”是属于蔷薇科蔷薇属的两个不同“种”，植物形态上有所不同，“月季”(拉丁名*Rosa chinensis*)为直立灌木，枝有皮刺，叶光滑，四季开花，花色较多；“玫瑰”（拉丁名*Rosa rugosa*）虽也是直立灌木，但枝多皮刺和刚毛，叶有皱褶，春季一季开花，花色多为紫红色和白色。所以，去花店买花可以很好地鉴别了。

小花草诊疗室 Plant clinic

Q：家中盆栽月季如何进行修剪？

A：对月季修剪要本着：花前抹芽，花后截枝。**花前抹芽** 盆栽月季不能留芽过多。冬天修剪后的枝条，开始每个枝条上留2～3个芽，待新芽长到3～4厘米时，一般枝条选留一个花芽，粗壮的枝条也可多留1～2个芽，整盆月季也只能留4～6个花芽，并且还要分布均匀，其余的新芽一律抹除，以使营养集中，促使本茬花开得又大又艳。**花后截枝** 开完一茬花，及时将花枝从基部的3～5片叶处短截，剪的部位在向外伸展的叶芽约1厘米处，同时还要剪除病枝、枯枝、侧枝、内向枝，使养分集中促发健壮的新枝，这样盆栽月季株型就会紧凑，开花也会集中，花朵开得也大。

绿手指小百科 Plant tips

盆栽的月季喜欢充足的阳光和空气流通的环境。盆土浇水要不干不浇。5月是月季生长旺盛的时期，每半月施肥一次。夏季蒸发量大，天气炎热，每天傍晚要浇透一次水，避免太阳直晒。冬季气温低，进入休眠期，夏季高温到30℃以上，花会减少，进入半休眠状态。每年要换盆一次，加施专用月季液肥，它对土壤的要求不严格。

大花君子兰 *Clivia miniata*

别称：剑叶石蒜

净化功能 Depurative function

君子兰的厚叶片，对硫化氢、一氧化碳、二氧化碳有很强的吸收作用。另外，还能吸收烟雾，净化室内混浊空气。

适宜空间 Fitting space

君子兰株型端庄，叶片对称，终年常绿。花开时大而美丽，姿态幽雅，气质雍容，花、叶、果都具有很高的观赏价值。由于它花期近春节，所以很受人们喜欢。一般用古色紫砂盆装饰，更显端庄之美。常用来布置客厅、宾馆、会议厅、宴会厅。需要注意的是它不宜放置卧室，因在夜间，它会消耗氧气，吐出二氧化碳，对睡眠健康不利。

花草絮语 Something special

君子兰花姿态优美，端庄典雅,厚实光滑的叶片直立似剑，象征着坚强刚毅、威武不屈的高贵品格；它丰满的花容、艳丽的色彩，居家摆放象征着富贵吉祥、繁荣昌盛和幸福美满。

小花草诊疗室 Plant clinic

Q: 怎样解决君子兰的“夹箭”现象?

A: 其主要原因是出现花葶（箭）时，受温度低、土壤含水量少的影响。只要在花葶抽出期，适当加温，以20～25℃为宜，加大浇水量，同时向周围喷水增加空气湿度。增施肥料，不只用磷钾肥，还要施氮肥，就可预防“夹箭”现象的发生。

民间偏方 在你认为已经“夹箭”的时候，用酸牛奶和一粒 21金维他（或者复合维生素）配1升水，能有效补充土壤有益菌、微量元素、氨基酸，浇水要浇透，7天一次，有2～4次，很快就会解决“夹箭”的问题。

绿手指小百科 Plant tips

君子兰怕冷畏热，夏季气温在30～35℃的地方养护君子兰必须采取降温措施，冬季-4～5℃必须有防寒措施。小苗与短叶品种需要24～25℃生长温度。夏季处于30℃以上，要向叶片喷水降温，并放在半阴通风良好的环境。平时要对叶片进行喷水除尘，君子兰用土讲究，以阔叶腐叶土、针叶腐叶土、培养土和细沙的混合土壤为最好，具疏松、肥沃特性，有利于肉质根的发育。盆栽幼苗长到五六片叶子时进入生长旺盛阶段，要供给充足的水肥，保持盆土湿润。施用君子兰专用肥料，施肥时不要淋到叶片上。

大丽花 *Dahlia pinnata* Cav.

别称：大理花、大丽菊、天竺牡丹

D净化功能 Depurative function

大丽花这种产在墨西哥、危地马拉、哥伦比亚的美丽花卉，具有吸收硫化氢、二氧化碳的功用。

F适宜空间 Fitting space

重瓣的大丽花雍容华贵，富丽堂皇，堪同牡丹媲美，因此又得名“天竺牡丹”，它适宜摆放在客厅、书房、卧室、阳台。

P小花草诊疗室 Plant clinic

Q: 家里的大丽花枝干纤细，花小，不如庭院的美丽是什么原因?

A: 大丽花是喜光植物，一定要保证充足的光照，如果光照不足，枝干就不壮，花小或不开花，一般每天接受光照要持续4小时，而且注意肥水的管理，浇水要浇透。

P绿手指小百科 Plant tips

大丽花喜光不耐阴，因此应放在阳光充足的地方。生长期要勤浇水，保持盆土湿润。忌积水，以免烂根。每半个月施一次稀薄液肥，盆土以富含腐殖质、排水良好的沙质壤土为佳。大丽花有粗大锤状肉质块根，块根不能受冻。11月间，当枝叶枯萎后，要将地上部分剪除，原盆保存。也可将块根取出晾1～2天后埋在室内微带潮气的沙土中，翌年春季再行上盆栽植。家庭栽种要注意修枝和剪枝，将苗摘心，保留基部两节，使之形成4个侧枝，每侧均留顶芽，可成4干4花的美丽盆栽。

夜间空气的绿色卫士——

夜间能吸收二氧化碳、释放氧气的花草赢家

虎尾兰 *Sansevieria trifasciata*

别称：虎皮兰

净化功能 Depurative function

虎尾兰能去除空气中的甲苯、甲醛、硫化氢、三氯乙烯等有害气体。它可以吸收夜晚的二氧化碳，制造氧气，一盆中型虎尾兰可吸收10平方米房间内80%以上的多种有害气体，2盆虎尾兰基本可以使室内的空气完全净化。由于它能制造出更多的阴离子，因此可以改善房间电视、计算机开启造成的阴离子减少的现象，对于改善室内环境效果颇佳。虎尾兰也是韩国和日本最受欢迎的植物之一。

适宜空间 Fitting space

虎尾兰的颜色较为淡雅，叶形似剑，刚劲挺拔。较矮的虎尾兰，可以点缀书房案头、窗台。由于夜间释放氧气，也常摆放卧室用来点缀床头柜。

花草絮语 Something special

虎尾兰狭长叶片斑驳如虎斑，因而得名。这类植物很奇特，有叶无茎，能从地上长出淡绿色小花，只要有泥土，它就展现绝佳的生命力，因此又被称为“千岁兰”，是上班族所喜爱的室内植物之一。

绿手指小百科 Plant tips

虎尾兰具有旺盛的生长力，对光线要求不严格，但以半日照通风处生长最好，无需精心护理，也很少受到病虫的侵扰，是上班族的首选植物。它不论光照是否充足，都能很好地适应环境，平时土干浇水，甚至很久浇一次水也无妨，温度不要低于－10℃。它的最适宜生长温度是20～30℃。它对盆土要求不高，以肥沃的腐叶壤土为佳。久植过于拥挤，要分株，可以结合换盆进行。

龙舌兰 *Agave americana* Linn.

别称：番麻

净化功能 Depurative function

一盆龙舌兰能在10平方米的房间24小时吸收70%的苯、50%的甲醛和24%的三氯乙烯，它夜间能吸收二氧化碳，放出氧气，制造新鲜的空气，适宜放在卧室。

适宜空间 Fitting space

龙舌兰叶片坚挺美观，四季常青，一般在居室中配以浅色瓷盆，更能增加刚劲之美，是布置客厅、窗台、庭院、阳台的绝好植物。

花草絮语 Something special

在墨西哥，人们的衣食住行都与龙舌兰密切相关：人们用它酿酒、做菜、喂牲畜，甚至用它来纺织。它叶缘尖端有锐刺，色呈灰绿，因叶子像“龙舌”而命名。

小花草诊疗室 Plant clinic

Q: 龙舌兰叶面出现枯黄的斑块是什么原因?

A: 龙舌兰一般不容易生病，如果放在烈日下曝晒，叶片通常都会枯黄，这时需要摆放至散射光的地方，同时注意炎热时及时向叶面喷水。

绿手指小百科 Plant tips

龙舌兰喜温暖干燥和阳光充足的环境。稍耐寒，较耐阴，耐旱力强。要求排水良好、肥沃的沙壤土，盆栽常用腐叶土、粗沙的混合土。冬季温度不低于5℃。生长期每月施肥一次。夏季增加浇水量，以保持叶片碧绿柔嫩，对具白边或黄边的龙舌兰，遇烈日时，稍加遮阴。入秋后，龙舌兰生长缓慢，应控制浇水，力求干燥，停止施肥，适当培土。盆栽观赏，要及时去除旁生蘖芽，保持株态美观。

蟹爪兰 *Zygocactus truncatus*

净化功能 Depurative function

蟹爪兰夜间能吸收二氧化碳，释放氧气，还能吸收一氧化碳、过氮氧化物，它吸收氨气的能力也极佳，同时可以增加居室中负离子的浓度。

适宜空间 Fitting space

蟹爪兰是居家普遍养护的盆栽，由于叶片细长，造型别致，花朵繁多，花色艳丽，常用铁丝及竹竿搭架，放置窗台或悬挂，也可摆放卧室，都会给居室增添生动之感。

花草絮语 Something special

蟹爪兰有个好听的别名，叫“圣诞仙人掌”，这是因为它的花期在每年12月到次年1月之间，恰临圣诞节，它艳丽而繁多的花朵为节日增加喜庆活跃的气氛。

小花草诊疗室 Plant clinic

Q: 开花过后，发现蟹爪兰的叶片失水了是什么原因?

A: 春季花期过后，蟹爪兰因开花过度消耗养分而变薄变瘦，应少浇水，停止施肥，多见光。约4月中旬将它搬到室外，放在阳光下足晒。此时正逢春季干旱时节，要顺应自然气候，少浇水，保持盆土稍湿即可。大约6月上旬，扁茎可恢复正常。

绿手指小百科 Plant tips

蟹爪兰喜温暖，适宜的温度为18～23℃，开花温度以10～15℃为宜，不超过25℃，以维持15℃最好,冬季温度不低于10℃。夏季处于半休眠状态，避免阳光直射，冬季则放置在阳光充足温暖的地方。生长期充分浇水，花期不要随意搬动，以免断茎落花，花期过后要少浇水，停止施肥。平时每半月施稀薄的液肥一次，秋季增施一次磷钾肥，花土以腐叶土、泥炭土和沙土混合为宜。

芦荟 *Aloe vera var.chinensis*

别名：油葱、龙角

净化功能 Depurative function

芦荟是吸收甲醛的高手，一盆中型的芦荟，可吸收1立方米空气中所含的90%的甲醛，它对硫化氢、二氧化硫、一氧化碳、三氯乙烯、苯等有害物质也有很强的吸收作用。

适宜空间 Fitting space

芦荟的种类很多，生命力也极强，中小型的盆栽适宜摆放在卧室、书房，还可以布置阳台。

花草絮语 Something special

早在1 000多年前，芦荟就被古埃及人誉为“不用医生的万灵药”，古埃及人用它治疗很多疾病。现代人开发出的芦荟系列产品，尤其在美容保健行业，更是应用广泛，欧美80%的化妆品中含有芦荟成分。

绿手指小百科 Plant tips

芦荟是生命力极强的植物，它喜光，冬春秋季放在阳光充足的地方，夏季要避免阳光直晒。极耐干旱，盆土干即浇，每次要浇透水，尤其是春季旺盛生长期，更要保证肥水供应，夏季芦荟有短暂的休眠期，此时少浇水。冬季芦荟需水量不大，一般1个月浇一次即可。春季施肥，以复合肥为主，每隔半个月施肥一次，冬季停止施肥。芦荟生长一段时间后，会从底部长出新芽，可将根部的新芽切下，放在通风干燥处2～3天，栽入小盆，3～4天浇水，要浇透，幼苗即可存活。

龟背竹 *Monstera deliciosa*

别称：龟背蕉、蓬来蕉、电线兰

净化功能 Depurative function

“龟背竹本领强，二氧化碳一扫光”。龟背竹夜间能超强地吸收二氧化碳，提高室内含氧量，清除居室中的甲醛效果也很明显，被称为“天然清道夫”。需要注意的是龟背竹的汁液有毒，不要折断，避免小朋友触碰。

适宜空间 Fitting space

龟背竹一般植株较大，造型优雅，叶片疏朗、美观、奇特，可用紫砂盆或美观大方的瓷盆置于厅堂，或用中盆置于高几之上。点缀卧室和案头也效果不凡，它还是良好的插花花材。

小花草诊疗室 Plant clinic

Q: 龟背竹如何进行繁殖？

A: 家庭养龟背竹一般采用扦插法，春季4月气温回升以后，剪取带两个节的茎段，剪去叶片，横卧于盆中，埋土，仅露出茎段上的芽眼，放在温暖、半阴的地方，保持盆土湿润。1个月左右即可生根发芽。

花草絮语 Something special

在叶面上呈龟甲形，散布许多长圆形孔洞和深裂，故称为龟背竹。

绿手指小百科 Plant tips

龟背竹喜温暖、荫蔽、湿润的环境，忌阳光直射和干燥，适宜放在居室中北窗附近，生长适温为20～25℃，冬季温度要保持在10℃以上，对土壤要求不严格，喜欢肥沃、富含腐殖质的沙质壤土。春季换盆，要剪除过多的气生根。浇水要本着“宁湿勿干”的原则，保持盆土湿润，但不要积水，春秋季2～3天浇一次，冬季1周浇一次。夏季空气干燥气温高时，要向叶片喷水，同时向四周洒水。保持叶片的清洁，可以用柔软的纱布擦拭再喷水。4～9月每半月施液肥一次，有利于植株发新叶，叶片碧绿。

长寿花 *Kalanchoe blossfeldiana*

别称：矮生伽蓝菜、圣诞伽蓝菜、寿星花

净化功能 Depurative function

长寿花能吸收空气中80%的有害气体，夜间能吸收二氧化碳，释放氧气，增加室内负离子浓度，为居室增添绝好的空气维生素。

适宜空间 Fitting space

长寿花翠绿厚实的可爱叶片，小巧夺目的各色小花，常用来点缀卧室的床头、客厅的高几，或书房的书架。

小花草诊疗室 Plant clinic

Q：家养的长寿花枝条瘦长，叶片也不美丽，开花就那么可怜的几朵，是什么原因？

A：长寿花具有向光性，若光照不足，不仅枝条瘦弱细长，叶片薄而株型不美，而且开花数量减少，花色不鲜艳，并引起叶片大量脱落，失去观赏价值，因此要放置在阳光充足的地方，生长期间注意调换花盆的方向，调整光照，使植株受光均匀，促使枝条向四周各方匀称生长。

花草絮语 Something special

长寿花生命力很强，是懒人族栽种花卉的绝佳选择。它的花色艳丽，花团锦簇，花期可长达4个月，因此得名长寿花，开花时节正值元旦、春节，经常用来馈赠老年亲友。

绿手指小百科 Plant tips

长寿花喜阳光充足温暖的环境，放在有阳光直射的地方。夏季中午前后宜适当遮阴，可移放至室内散射光处，否则光照太强，易使叶色发黄。它耐干旱，不需大量浇水，只要每隔3～4天浇一次透水，保持盆土略湿即可。冬季低温时控制浇水，以免烂根。生长旺季可每隔半个月施一次稀薄复合液肥，促其生长健壮，开花繁茂。冬季需注意防寒，室温不能低于12℃，花谢后要及时剪掉残花，以免消耗养分，影响下一次开花数量。一般于每年春季花谢后换一次盆，盆土选用富含腐殖质、排水良好的沙质壤土。养上一年就可以分株繁殖。

消灭居室微生物的花草赢家

俗语说“家有香花，细菌全杀”。茉莉、米兰、桂花、紫薇、月季、玫瑰、柠檬、石竹、丁香等能散发出具有杀菌作用的挥发油，这些挥发油有灭菌和抑菌的功能，对空气具有较强的消毒作用。

茉莉 *Jasminum sambac* (Linn.) Aiton

别称：茉莉花

净化功能 Depurative function

茉莉花中产生挥发油的香味可以净化空气，具有显著的杀菌、抑菌作用，它可以抑制结核杆菌、肺炎球菌、葡萄球菌的生长繁殖，大大降低居室中含菌量。它的香味还可使头晕、目眩、感冒、鼻塞等症状减轻。

适宜空间 Fitting space

茉莉花馨香四溢，珠圆玉润，花叶碧绿青翠，以小型紫砂盆或瓷盆装饰置于南窗台，给居室备增雅趣，花期装点客厅也显得生趣盎然。

小花草诊疗室 Plant clinic

Q：居室中的茉莉如何预防红蜘蛛?

A：把茉莉放在光线强的地方，同时注意通风，如果发现了红蜘蛛，用纯净水瓶盖装一盖乐斯本（农药名称），兑一瓶水喷雾，中午不要喷雾。

民间偏方 喷烟草液：取烟丝20克，加水500克浸泡24小时后过滤，取滤液喷施。喷辣椒液：取干红辣椒50克，加水10倍煮沸20分钟后过滤，用滤液喷洒。

花草絮语 Something special

茉莉叶色翠绿，花色洁白，香气浓郁，是最常见的芳香型盆栽花木。希腊首都雅典称为茉莉花城。菲律宾、印度尼西亚、巴基斯坦、巴拉圭、突尼斯和泰国等把茉莉和同宗姐妹毛茉莉、大花茉莉等列为国花。美国的南卡罗来纳州把它定为州花。

绿手指小百科 Plant tips

茉莉喜温暖湿润和阳光充足的环境，素有“晒不死的茉莉”之说。在直射光的照射下，能很好地生长。茉莉能耐高温，不耐低温，冬季温度不得低于5℃。生长旺季要充分浇水，盛夏每天早晚浇水，并向叶片喷水，冬季生长缓慢，要控制水量，不干不浇。春季换盆后，要摘心修剪。盛花期后，也要重剪更新。盆土用园土、蛭石和腐叶土混合。

米兰 *Aglaia odorata* Lour.

别称：米仔兰、树兰

净化功能 Depurative function

米兰能吸收空气中的二氧化硫和氯气。把米兰放置于含氯气的空气中5小时，它每千克叶能吸收4.8毫克氯。同时它的花能散发出具有杀菌作用的挥发油，对于净化空气、促进人体健康有很好的作用。

花草絮语 Something special

米兰花虽小，却有兰花般的芳香，花似米粒，清秀高雅，故称米兰。

适宜空间 Fitting space

米兰株型丰满，叶色油绿，高贵大方，配以古色紫砂盆饰更显典雅之气，装点客厅、书房有华贵雍容之美。

小花草诊疗室 Plant clinic

Q: 米兰如何安全越冬度过休眠期?

A: 米兰喜肥，但到了秋末，应当停施，以免提前促发新梢，易受冻伤。若是晚秋或初冬已发嫩梢，应将其剪除。立秋后，增施一次磷钾肥，使植株接受光照。冬季少浇水，最好20天左右浇一次水，只要保持土壤有一定湿度就可以。如果温度在10℃左右时，米兰会停止生长，进入休眠期，这时也要将其置于光照充足及通风良好处养护。

绿手指小百科 Plant tips

米兰喜欢温暖、湿润、半阴的环境条件。有较强的耐阴性，对低温十分敏感，温度达 25℃以上时，生长旺盛。不耐干旱，要保持盆土湿润，夏季每天向叶片喷1～2次水，同时防止积水。盆栽米兰盛花时，不能长期置于室内，在开花时，可于下午4时后移至室外，上午9时前移入室内，使其接受阳光，为抽生新枝和新花穗积累营养。冬季要尽可能多地接受光照，并每周冲洗一次叶片，保持叶片鲜绿。春季生长时，每周施一次稀薄液肥。米兰在夏季施肥前换盆，盆土选疏松的腐殖质土，盆底要有排水沙土层。注意控制树形和增加新枝，可在新枝生长前摘心。

石竹 *Dianthus chinensis* Linn.

别称：中国石竹

净化功能 Depurative function

石竹能吸收二氧化硫和氯气，散发的气味能抑制结核杆菌、肺炎球菌、葡萄球菌的生长繁殖，可大大减少室内空气的含菌量。

适宜空间 Fitting space

石竹花色各异，小巧别致，是点缀窗台、案头、书房的理想花草。

花草絮语 Something special

宋代王安石爱慕石竹之美，又怜惜它不被人们所赏识，写下《石竹花二首》，其中之一“春归幽谷始成丛，地面芬敷浅浅红。车马不临谁见赏，可怜亦解度春风”。

绿手指小百科 Plant tips

石竹喜阳光充足、干燥通风及凉爽湿润的环境。生长期宜放置在向阳、通风良好处养护。保持盆土湿润，每隔10天左右施一次稀薄液肥。冬季少浇水，盆土干后再浇。不耐酷暑，夏季应注意遮阴和向叶片喷水降温。要求肥沃、疏松、排水良好及含石灰质的壤土或沙质壤土，忌水涝。石竹花日开夜合，若上午日照，中午遮阴，晚上露夜，则可延长观赏期，并使之不断抽枝开花。开花前应及时去掉一些叶腋花蕾，保证顶花蕾开花。

紫薇 *Lagerstroemia indica* L.

别称：满堂红、百日红、痒痒树

净化功能 Depurative function

紫薇被称为有毒气体“净化所”，能吸收二氧化硫、氯气、氟化氢，它还是天然的“吸尘器”，对粉尘有很强的吸附作用。紫薇散发的气味，具有杀菌、抑菌作用。

花草絮语 Something special

紫薇树身光滑无皮，以手抓动扶摇到顶，故有“怕痒树”、“痒痒树”之称。紫薇寿命长达两百年以上，是树桩盆景的好树种之一。

适宜空间 Fitting space

培养紫薇比较容易，枝干也别具特色，盆景栽培，干姿百态，苍老不凡，颇具野趣。可把各个细干绕在一起，经数年时间各枝干互相愈合，摆放在客厅高几、庭院别具一格。

绿手指小百科 Plant tips

紫薇喜欢生长在温暖温润的地方，喜光，略耐阴，也耐干旱，忌积水。注意的是冬春之季新梢未萌发之前必须进行整枝，把当年新枝留下6厘米左右，上面全部剪去，并施足肥料，这样到第二年能开出旺盛的花朵来。盆土要求不严格，用含有石灰性土壤的沙质壤土为宜。

电磁辐射——身边的隐形杀手

1 居室中电磁辐射从何而来？

居室中所有的家用电器都存在电磁辐射，无线电话、微波炉、电冰箱、通讯设备、计算机、手机等。

2 电磁辐射对健康有哪些危害？

我们对于电磁辐射，基本上是毫无觉察的，也很少有防范意识，它是现代最新的污染形式。研究发现，它与癌症、白血病、生殖能力低下、畸形儿、老年痴呆以及皮肤病等疾病都有密切的关系。

切断居室有害电磁辐射的花草赢家

长心叶蔓绿绒

Philodendron erubescens 'Green Emerald'
别称：春羽、喜树蕉

D 净化功能 epurative function

蔓绿绒吸收甲醛等有害气体。最新研究表明，在1米以上的蔓绿绒植株花盆土壤中，插入计算机显示器的接地线，就可以吸收70%左右的电磁辐射。

F 适宜空间 itting space

蔓绿绒是中型植物，也是世界各地广为栽培的室内观赏植物之一。一般用古铜色釉瓷盆装饰，布置客厅、书房，显大气洒脱之美，有豪华富贵的象征。

S 花草絮语 omething special

长心叶蔓绿绒为天南星科蔓绿绒属植物，18世纪中叶蔓绿绒传入英国，以后在荷兰、意大利、法国等国栽培。同时，在美洲也开始栽培，特别是在美国发展很快。在我国蔓绿绒的栽培时间不长，20世纪80年代以前，蔓绿绒的品种少，仅在植物园和公园内栽培，在公共场所很少见到。如今，蔓绿绒的栽培已遍及南方各地，品种繁多。特别是红宝石和绿宝石广泛栽培，在家庭和公共场所已到处可见。蔓绿绒已成为重要的室内观叶植物。

P 小花草诊疗室 lant clinic

Q：养了很久的绿蔓绒这几天叶子下垂，无精打采的，不知什么原因？

A：春季翻盆时，要修剪根系，原来的老根纠结，对土壤营养吸收不良，无法供应叶片养分，应适当修剪，促其多发新须。

P 绿手指小百科 lant tips

蔓绿绒喜温暖、湿润、半阴环境，畏严寒，忌强光，适宜在富含腐殖质、排水良好的沙质壤土中生长。生长期宜放置在半阴处，夏季要避免烈日直射。经常保持土壤湿润，干燥时，向植株喷水。5～9月为生长旺季，每月施液肥 1 ～ 2 次。冬季保持 5 ℃左右即可，盆土不可太潮。蔓绿绒繁殖通常取茎端几节进行扦插。在苗期，应注意整形，并将叶片加以支撑绑扎，防止叶片散展，待稍大后再松绑。

金琥 *Echinocactus grusonii* Hildm.

别称：金桶球、黄刺金琥、象牙球

净化功能 Depurative function

金琥是仙人掌类植物中最能吸收电磁辐射的一种植物，还能在夜间吸收大量的二氧化碳，增加居室负离子浓度，改善居室空气状况，使空气清新宜人。

适宜空间 Fitting space

金琥鲜黄的硬刺，浑圆的体型，特别是在阳光下格外耀眼，配以铜色金属盆栽，会锦上添花，有大气富贵之感。在家用电器旁可吸收辐射，装点客厅、会议室更显华丽、气派。

花草絮语 Something special

金琥是仙人掌科的“大哥大”，体型大，名气大，成株后直径可达60厘米以上，由于体型圆滚滚，常被商人所喜爱，象征着财源滚滚，被称为“人气仙人掌”。

小花草诊疗室 Plant clinic

Q：我家的金琥怎么不圆了？

A：很多人买了浑圆的金琥回去，养了一段时间发现丰满的身材走了样，其实大部分原因是光照不足，造成了“徒长现象”。只要把它及时摆放在光线充足的地方就可以改善。

Q：怎么让金琥快点开花？

A：金琥养了一阵子，也不开花，原因是光照不足、过度荫蔽或肥水太多。在上午10时以前或下午5时以后把金琥放在阳光下，可促使它多育花蕾。

绿手指小百科 Plant tips

金琥喜欢充足的阳光，夏季炎热要遮阴，还要注意通风。它喜温暖，冬季不能低于8～10℃，太低会使球体产生黄斑。金琥耐干旱，温度越低越要保持盆土干燥，浇水要以盆土不过分干燥为宜，选择清晨和傍晚浇水。每年春季要换盆一次，盆土可用等量的粗沙、腐叶土及少量的陈墙灰混合。生长季节每半月左右施一次稀薄液肥或复合花肥，冬季和炎热的盛夏停止施肥，北方地区春季天暖后可将盆花放在室外向阳处养护。

黄毛掌 *Opuntia microdasys*

别称：兔耳掌、金乌帽子

净化功能 Depurative function

黄毛掌是仙人掌科植物的一种，它肉质茎上的气孔白天关闭，夜间打开，吸收二氧化碳，制造氧气，使室内空气中的负离子浓度增加。把它摆放在家用电器旁，具有吸收电磁辐射的功能。

适宜空间 Fitting space

黄毛掌适宜放于室内光照充足的明亮处，在向阳的窗台、窗边，日照时间长的小居室内摆放，或夜间放在卧室，白天摆放在阳光充足的阳台。这类植物还可通过人们的视觉、嗅觉降低血压、稳定情绪，对人类健康有许多好处，因而仙人掌科植物成为室内绿化的后起之秀。需要注意的是，它的小刺不要伤到小朋友。

花草絮语 Something special

黄毛掌茎节扁平，形似兔耳，因此又得名“兔耳掌”，它密生金黄色钩状刺，金光闪闪，因此又得名“金乌帽子”。由于它栽培简单，生命力强，容易繁殖，是目前栽培比较普遍的仙人掌种类。

绿手指小百科 Plant tips

黄毛掌原产墨西哥北部的高原地区，喜温暖干燥和阳光充足的环境。较耐寒，耐干旱，不耐水湿。冬季温度不低于5℃。生长期需充足阳光，每月施肥一次。夏季也可放室外养护，茎节生长健壮，少有病虫害发生。对土壤要求不严，以肥沃的沙壤土生长较好。冬季搬入室内向阳处养护。繁殖也很容易，在4～5月生长期，选取大小适中、充实的茎节作插穗。剪取插穗后，晾干几天，待剪口干燥再插入沙质盆中，盆土以稍干燥为好，插后20～25天生根。

有毒花草谨慎养

植物净化室内环境四忌

1 忌香

一些花草香味过于浓烈，会让人难受甚至产生不良反应。如夜来香、郁金香、五色梅等花卉。

2 忌敏

一些花卉，会让人产生过敏反应。像玉丁香、五色梅、洋绣球、天竺葵、紫荆花等，人碰触抚摸它们，往往会引起皮肤过敏，甚至出现红疹，奇痒难忍。

3 忌毒

有的观赏花草有毒性，摆放时应注意，如含羞草、一品红、夹竹桃、黄杜鹃和状元红等花草。

4 忌伤害

比如仙人掌类的植物有尖刺，有儿童的家庭或者儿童房间尽量不要摆放。另外，为了安全，儿童房里的植物不要太高大，不要选择稳定性差的花盆架，以免伤害儿童。

一品红 *Euphorbia pulcherrima*

全株有毒，茎叶里的白色汁液会刺激皮肤，引起过敏，误食会呕吐、腹痛。家中有小朋友需谨慎，不可折断它的枝叶，换盆需戴防护手套。

长春花 *Catharanthus roseus*

全株有毒，花朵有毒，误食会出现肌肉无力，白细胞减少，血小板减少。长春花虽有毒却是目前国际上应用最多的抗癌植物药源。

银边翠 *Euphorbia marginata*

又称高山积雪，它是致癌植物之一，全草有毒，尤其是它的花粉和汁液。不宜养在室内。

五色梅 *Lantana camara*

花和叶有毒，误食引起腹泻、发烧等症状。五色梅虽然有毒，但它具有抗尘、抗污染的能力，室内养护只要谨慎呵护即可。

霸王鞭 *Euphorbia neriifolia*

这种被很多家庭用来辟邪除害的威猛植物也要谨慎养护。它的刺和汁液有毒，刺碰到皮肤会引起红肿，汁液沾染皮肤会发炎，不慎入眼会导致眼睛红肿，误食会引起腹泻、喉咙发痒。

含羞草 *Mimosa pudica* Linn.

轻轻一碰就会含羞掩面的植物。全株有毒，误食到干品30克左右，出现中毒症状。家有小朋友的，避免误食。

洋紫荆 *Bauhinia variegata* L.

香港的区花，花色俊美，但花粉会使人过敏，接触过久会诱发哮喘，皮肤瘙痒。

郁金香 *Tulipa gesneriana* L.

这种盛产于荷兰的美丽花朵是有毒的，它的花中含有大量的生物碱，如果在郁金香的花海中驻留2个小时，就会有头晕目眩的感觉，同时皮肤会过敏，还会引起脱发，因此品赏郁金香一定要注意空气流通。

喇叭水仙 *Narcissus pseudonarcissus*

冰清玉洁的水仙，它的汁液有毒，含有一种拉丁可毒素，被用为外科医学的镇静剂，误食会引起呕吐、腹痛。如果汁液接触皮肤会引起红肿，尤其不要入眼。它的花分泌的汁液也有毒，因此要避免触碰水仙，看管好小朋友。

马蹄莲 *Zantedeschia aethiopica*

花朵有毒，误食会引起昏迷症状。不要破坏植株，它的汁液也有毒。

滴水观音 *Alocasia macrorhiza*

滴水观音因其叶片会滴出晶莹之水而得名，但它的根叶中的汁液有剧毒，误食会出现舌头发麻、呕吐、胃部疼痛。滴水观音株型优美，叶片亮绿，在室内有除尘的作用，因此如果谨慎呵护，也不失为一种上好的装饰植物。

夜来香 *Telosma cordata*

香气浓郁，长期放在室内，会使人头晕，咳嗽，失眠，对高血压、心脏病患者不利。

夜丁香 *Cestrum nocturnum*

夜丁香在夜晚散发的香气强烈，对高血压和心脏病患者不利。

百合花 *Lilium*

它的香气久闻会使人中枢神经兴奋，尤其放在卧室，会影响睡眠。它经常被用作上等的插花材料，意为“百年好合”，花型优雅，清新高贵，如果摆放在客厅，有净化空气的功效。

春兰 *Cymbidium goeringii*

香气久闻会使人兴奋，引起失眠，不宜摆放卧室。

石蒜 *Lycoris radiata*

石蒜含有生物碱，全株有毒，误食会引起腹泻、中枢神经麻痹，甚至有生命危险，避免误食。

凤仙花 *Impatiens balsamina* L.

这种女孩子儿时用来染指甲的小花，它的花粉含有促癌物质，不要在密闭的室内养护，它的花虽有毒，但可被中医用来治疗蛇毒。全草都可入药，在庭院中摆设是良好的花卉。

虎刺梅 *Euphorbia milii*

它的刺和汁液有毒，含有促癌物质，刺伤到皮肤会红肿，液汁沾到皮肤也会不适。最好不要放在室内摆放，尤其避免小朋友接触。

风信子 *Hyacinthus orientalis* L.

风信子花粉容易造成皮肤过敏，如果有过敏性体质，要注意一点。风信子的花香很浓烈，避免鼻子直接靠近它去闻。

夹竹桃 *Narcissus pseudonarcissus*

别名柳叶桃，全株有毒，含有一种夹竹桃甙，夹竹桃因为吸尘能力特别强，所以被大量栽种在道路两边。它的乳汁是白色的，含有剧毒，但它不会放出毒气。如果喜欢攀折的人嗅到了乳汁的气味，就会有轻微中毒的感觉，但只要不食用，就不会有任何不良后果。观赏时一定要小心，不要接触它分泌的白色乳汁，如果不小心碰到它，赶紧用清水洗掉。

光棍树 *Zantedeschia aethiopica*

它的枝条碧绿，光滑，有光泽，所以人们又称它为绿玉树或绿珊瑚。光棍树的白色乳汁有剧毒，观赏或栽培时需特别小心，千万不能让乳汁进入人的口、耳、眼、鼻或伤口中。作为一种热带植物，这种有毒的乳汁却能抵抗病毒和害虫的侵袭，从而起到保护树体的作用。

居家绿化提案

在快节奏的现代都市生活中，绿色植物对于居家生活变得越来越不可缺少。人们居住条件的改善，为室内绿色植物装饰提供了条件。在为自家选择绿色植物的时候，如何才能做到既环保又美观呢？各种装修风格又适合摆放何种花草呢？

1 合理选择植物种类

选择植物种类，要根据房间大小、采光条件及个人爱好而定，如果居室面积在18～20平方米，以2～3盆为宜。花草布置要有主有次，充分考虑室内自然光照条件，如果室内光线不足，需要选择喜阴、耐阴性的花草，如铁树、常春藤、合果芋以及绿萝、一叶兰、龟背竹、万年青、棕竹、文竹、散尾葵、四季海棠、兰花、橡皮树、君子兰等。

欧式古典风格或温馨柔和的现代风格居室，可根据个人爱好选择叶边有妩媚曲线的，或选择不同花卉不同层次同盆种植，营造个性气息，比如花叶芋与常春藤合种，或选龟背竹、袖珍椰子、鹅掌柴、龙血树、裂叶喜林芋等叶片极具特色的植物放在角隅或局部摆放。

绿萝、米兰等植物，浑圆的叶片色泽光亮饱满，大面积的绿色，不仅赏心悦目，还有助于净化空气。这些植物适宜中式古典风格或规整爽朗的现代风格，摆放于书房或客厅会别具特色。

线形叶类植物如春兰是很个性的一类，细长伸展的叶形，飘摇自在，很有张力和动感。而且，这类植物的整株树形也比较奇特，放置在室内，会一下子成为焦点。这类植物适宜搭配自然清新或个性化的风格，通常摆放在门厅、客厅或餐厅。

2 摆放位置要合理

室内植物的摆放要选择最佳视线位置，即任何角度看都顺眼的位置。一般最佳视觉效果是在离地面2.1～2.3米的视线位置，同时要讲究植物的排列、组合，如“前低后高”，“前叶小色明，后叶大浓绿”等。为增加房间凉意，可在角落采用密集式布置，产生丛林的气氛。

此外，花木布置还要考虑房间的光照条件，枝叶过密的花卉若放置不当，可能会给室内造成大片阴影，所以一般高大的木本观叶植物宜放在墙角、橱柜边或沙发后，使它们的上部伸出来，改变空间的形态和气氛。

3 色彩搭配要和谐

叶色选择应使之与墙壁及家具色彩相和谐，如浅色墙壁配深绿色植物，深色墙壁要选择浅绿色植物，会显生机勃勃，否则会视觉疲劳。此外，不同功能的居室在叶色选择上也应有所区别，客厅要创造亲切感，如摆放橡皮树、垂叶榕。书房要创造宁静感，摆放天门冬、文竹、兰花等。卧室要增加轻松感，还要保证空气清新，叶色淡绿者为佳，如摆放芦荟、景天等。

4 根据污染状况选择植物

客厅是人们活动比较频繁的场所，悬浮颗粒多，菌类也多，应选择能够吸滞灰尘和分泌杀菌素的植物。卧室是休息入睡的场所，要创造宁静、安逸、舒适的氛围，宜选择小型盆栽，数量以1～2盆为宜，选择多浆类仙人掌科植物为好，夜间能吸收二氧化碳，释放氧气，增加负离子浓度，净化卧室空气，有益睡眠及身心健康。

书房是学习、写作的地方，要创造安静、雅致、清新明快的生活氛围，一般也以小型盆栽为主，比如书桌上摆放文竹、红掌、兰花。书架空格里可以摆放常春藤、绿萝、吊竹梅，枝叶下垂，洒脱清逸。如果向阳有窗，那在窗台上可以摆放米兰、月季、仙客来等喜阳花草。

餐厅宜选择中小型盆栽，放在不同的角落，比如棕竹、虎尾兰等，餐桌上选小型花卉，营造清洁、淡雅、舒适的就餐环境，如合果芋、花叶芋等。

厨房也是家人活动比较频繁的场所，还有油烟等燃烧物的污染，要选择有吸滞、解毒、灭菌能力强的植物，比如仙人掌、冷冰花等。

卫生间通常偏阴湿，可以摆放绿萝、富贵竹等耐阴、耐湿的植物。

附录一

含有促癌物质的植物

石栗	变叶木	细叶变叶木	蜂腰榕
石山巴豆	毛果巴豆	巴豆	麒麟冠
猫眼草	泽漆	甘遂	续随子
高山积雪	铁海棠	千根草	红背桂花
鸡尾木	多裂麻风树	红雀珊瑚	山乌桕
乌桕	圆叶乌桕	油桐	木油桐
火殃勒	芫花	结香	狼毒
黄芫花	了哥王	土沉香	细轴芫花
苏木	广金钱草	红芽大戟	猪殃殃
黄毛豆腐柴	假连翘	射干	鸢尾
银粉背蕨	黄花铁线莲	金果榄	曼陀罗
三棱	红凤仙花	剪刀股	坚荚树
阔叶猕猴桃	海南蒌	苦杏仁	怀牛膝

附录二

常用花卉的花意花语

春节（农历正月初一）

松、竹、梅：岁寒三友
黄百合：快乐、喜庆
山毛榉树：昌盛、兴隆
淡红美女樱：家庭和睦
火百合：喜气洋洋
白百合：百年好合
桃花：宏图大展
蝴蝶兰：高洁
水仙：清纯自爱

情人节赠女友

红玫瑰：真诚的爱情
羽扁豆：幸福
满天星、三轮草：想念
金鱼草：愉快
风铃草：温柔的爱
红郁金香：爱的誓言
粉牵牛花：柔情
红山茶：天生丽质
白丁香：青春、欢 笑
黄郁金香：渴望之爱
败酱：纯洁、柔情
紫丁香：初恋
凤梨：完美无缺
酸模：爱情、爱慕
毋忘我：永恒的爱
蝴蝶兰：初恋

情人节赠男友

扶郎花：扶助郎君

长春花：愉快的回忆
马蹄莲：害羞
紫罗兰：贞洁
樱草花：青春、美丽
红掌：天长地久
月见草：默默的爱
菖蒲：顺从
柠檬树花、忍冬：忠诚的爱
婆婆纳：女性的忠贞

清明节缅怀

三色堇： 思念
三轮草、满天星：想念
千日草：不朽
文竹：永恒
玉簪：同情、慰问

清明节悼念

金鱼花：悲哀
柏枝：哀悼
柳枝：悲伤、哀悼

贺喜开业竣工

万年青：四季常青
月季花：兴旺发达
太阳菊：欣欣向荣
桃花：好运将至
火百合：喜气洋洋
牡丹：富贵兴盛
山毛榉树：昌盛、兴隆
向日葵：尊敬、显赫

贺喜凯旋

红棉花：英雄之花
罂麦：勇敢
月桂：光荣
月桂树环：有功之臣
棕榈：胜利

恭喜演出

燕麦：音乐
多花蔷薇：天才
荷兰芹：得胜
茴香：卓越
桔梗：高雅
大丽花：优雅、尊贵

分别赠友

三色堇：思念
刺槐：友谊
豆蔻花、芍药花、百日草：分别

赠友进取

美人蕉：坚实
海芋：热情
黄杨：坚定
款冬：正义之神
冷杉树：崇高
茴香：力量
桂枝：学识渊博
棕榈：胜利

母亲节（五月第二个星期天）

康乃馨：母爱与尊敬
毋忘我：永恒的爱
茉莉：和蔼可亲
藓苔：母爱
木樨草：品德高尚
深山酢浆：慈母之爱
粉牵牛花：纤纤柔情

端午节 （农历五月初五）

菖蒲：避邪镇灾

菖蒲花：温顺、娇美

龙船花：争先恐后

跳舞草：快乐

父亲节 （六月第三个星期天）

石斛兰：父爱、坚毅、勇敢

黄杨：坚定、冷静

橘树：宽容大度

款冬：正义

柳树：直率、坦诚

葡萄：宽容、博爱

茴香：力量

中秋节 （农历八月十五）

桂枝：学识渊博

月桂枝：荣誉

芒草：秋意

桔梗：纯洁

败酱：纯洁的恋情

石楠花：庄重

胡枝子：优雅

教师节 （九月十日）

木兰花：灵魂高尚

蔷薇枝：严肃、朴素

蔷薇花冠：美德

悬铃木：才华横溢

月桂树环：功劳、荣誉

圣诞节 （十二月二十五日）

一品红：驱妖除魔

白美女樱：庇佑

太阳菊：光明、欣欣向荣

山毛榉树：昌盛、兴隆

婚礼

白百合：完美、百年好合

红掌：天长地久

合欢：夫妻相爱

常春藤、菩提树、柠檬树花：忠诚、白头偕老

薄荷：感情热烈

牵牛花、石竹：爱情永结

春番红花：青春

山茶：真爱

毋忘我：永恒的爱

祝寿

松树：智慧、长寿

竹：高风亮节

梅：傲雪凌霜

福寿花：多福多寿

黄水仙：尊敬

兰花：品行高洁

万年青：永葆青春

千日莲：快乐

附子：敬意

吊钟花：感激

金鱼草：愉快

探病

罂粟花：安慰

樱草花：青春

剑兰：性格坚强

白杨：坚持、勇气

雏菊：同情

蔷薇花瓣：希望

虞美人、蓍草、山楂：安慰

鸢尾：问候

满天星：关怀

黄花：鼓励

荆树：抚慰

世界卫生组织定义健康住宅的标准

根据世界卫生组织的定义，“健康住宅”是指能够使居住者在身体上、精神上、社会上完全处于良好状态的住宅，具体标准有：

1. 会引起过敏症的化学物质的浓度低；

2. 为满足第一点的要求，尽可能不使用易释放化学物质的胶合板、墙体装修材料等；

3. 安置有换气性能良好的换气设备，能将室内污染物质排至室外，特别是对高气密性、高隔热性住宅来说，必须采用具有风管的中央换气系统，进行定时换气；

4. 在厨房灶具或吸烟处要安置局部排气设备；

5. 起居室、卧室、厨房、厕所、走廊、浴室等要全年保持在17～27℃；

6. 室内的湿度全年保持在40%～70%；

7. 二氧化碳浓度要低于1 000ppm；

8. 悬浮粉尘浓度要低于每立方米0.15毫克；

9. 噪声要小于50分贝；

10. 一天的日照确保在3小时以上；

11. 安装具有足够亮度的照明设备；

12. 住宅具有足够的抗自然灾害的能力；

13. 具有足够的人均建筑面积，并确保私密性；

14. 住宅要便于护理老龄者和残疾人；

15. 因建筑材料中含有有害挥发性物质，所有住宅竣工后要隔一段时间才能入住，在此期间要进行换气。

选择室内空气检测部门要五看

一看其是否具有相关主管部门颁发的资质证书。

二看其是否通过质量技术监督部门的计量认证（CMA）。经认证合格的单位获得计量认证合格证书，同时得到授权在其出具的检测报告上使用CMA标记。

三看其是否有独立的、合格的室内实验室。

四看检测机构的服务流程是否规范。一般的流程为消费者电话或去机构预约、签订检测协议（一式数份用于双方留存及备案）、现场取样、实验室分析化验、报告编写、报告审核、检测报告报出。

五看检测机构依据的标准是否合理。目前，室内空气质量控制标准有两种：一是GB/T 18883-2002《室内空气质量标准》，它属于推荐性标准，规定了室内空气质量参数及检验方法，适用于住宅和办公建筑，其他室内环境可参照执行。二是GB 50235-2001《民用建筑工程室内环境污染控制规范》，它是强制性标准，适用于新建、扩建和改建的民用建筑工程室内环境污染控制。

养花无忧的窍门荟萃

植物盆栽，总是希望它旺盛葱茏，现在向你介绍一些养花的基本常识和窍门，当你对一些问题不知所措的时候，请到这里找找看。

花草摆放有窍门

买时漂亮的花草，到家没多久就萎蔫脱叶了，造成这种状况的原因有很多种，其中重要的原因是摆放场所不对。大部分盆栽植物不宜放在阳光下直接照射，冬季不宜摆放在暖气或空调旁，暖气房里的空气总是很干燥，因此要经常向叶面喷水。把花草摆放在窗边，让阳光散射到花草上，接受半天的光照就足够了。冬季，阳光相对不充足，尽量把花草放在台子或架子上洗个暖暖的日光浴。

北面房间也可养好花草

有很多家庭有北面的卧室，没有充足的日光，这也同样可以养好很多花草，前提是要有窗户哦，选择合适的植物种类，比如怕光喜阴的蕨类植物，或者对环境要求不高的植物。

花草病虫害防治

1 最常见的虫害

红蜘蛛——喜欢干燥高温又密不透风的环境，繁殖速度快，吸食植物汁液造成叶片卷曲、灰白、枯萎脱落。

解救方法 用温水或肥皂水直接喷洒叶片患处，或用毛笔刷蘸面粉糊刷有红蜘蛛的部位。

蚜虫——种类繁多，颜色不同，喜欢有香味或甜蜜的植物，多聚在嫩芽或花梗处吸食汁液，造成叶片皱缩变形。

解救方法 需要用一小撮烟草（香烟2～3根去蒂）放在50毫升的水中浸泡24小时，用浸泡液喷洒带虫部位。还可以用肥皂水，加入几滴菜油，搅拌，很像农药的乳油制剂，用喷雾器喷洒生虫部位即可。

介壳虫——小白点附在茎叶上，虫体呈现黄白色或黑褐色，吸食植物汁液造成植株营养不良。

解救方法 可以用牙签将枝叶和根部的虫子剔除，或用湿棉花抹去、柔软的刷子刷去，或用稀释后的酒精擦拭，亦可用肥皂水或温水冲洗。

2 病害提前预防

有些植物的叶子在养护过程中变色或枯萎，应及时把枯萎或变色的叶片剪掉。如果发现是大面积的病害，那么需要使用杀菌剂，仔细看说明书，注意配比，合理施用。一般如果植物处于通风良好的地带，避免潮湿、闷热，就会避免这种状况发生。

花卉营养土配制DIY

腐叶土：密林下有厚厚一层树叶的土层，蓬松柔软，夹杂着腐烂的树叶的壤土，是最好的腐叶土。

泥炭土：也称草炭土，是古苔藓植物及水生植物埋藏地下形成的颜色发黑、酸性的有机壤土。

园土：菜园、果园、苗圃中的土壤。

配制花卉营养土的材料主要有：山区黑壤土、腐叶土、泥炭土、河沙（或素沙土）、木屑（或锯末）、腐叶（粉碎）、松针（粉碎）等。配制花卉营养土时所选材料数量按体积比进行选料。

1 中性花卉营养土的配制

以黑壤土3份、腐叶土3份、泥炭土2份、腐叶1份、松针1份混合，适用于栽培大多数花卉，如一品红、菊花、四季海棠、文竹、瓜叶菊、天竺葵等。

2 酸性花卉营养土的配制

取落叶松林下的表土5份、落叶2份、泥炭土2份、河沙1份混合，适用于南方酸性土花卉，如山茶、杜鹃、米兰、金橘、茉莉、栀子花等。

野外有蕨类植物生长的地方，土壤就是酸性的。

3 “仙人掌土”配制

取园土3份、腐叶土3份、河沙4份混合，适合仙人掌科植物和肉质植物的栽培。

水晶花泥——时尚的选择

水晶花泥主要成分是海藻酸钠、氯化钙、花卉营养液和防腐剂，绚丽多彩，有玛瑙红、玫瑰红、翡翠绿、葡萄紫、深海蓝、柠檬黄、亮银白等多种颜色，可广泛应用于各类室内植物栽种，如吊兰、富贵竹、君子兰等半阴植物。水晶花泥的使用方法：

- 将一包水晶花泥与 1 升清水放于容器中；
- 放置 8～12 小时后，水晶花泥吸收了足够的水分，呈晶莹透明状态，富有弹性，即可栽种植物；
- 水晶花泥使用一段时间后，失去透明性或变干时，可用水清洗或将其浸泡于清水中，即可重复使用直到水晶花泥变硬和变色。

如何判断花草是否应该换盆了？

花草停止生长，或感觉很拥挤，生长状况不佳时，要考虑换盆。当植物根部受阻，无法伸展，盆内除了自己的根以外，毫无空间时，浇水不易渗入，土壤空气流通也不佳，这就造成了植物生长受阻，生长状况不佳。

如何成功换盆或移栽？

为花草换盆时，要先将新盆底部铺好瓦片和纱网，在放入粗粒土及少许培养土，然后将植物根部最外围的旧土剥落，但要留三分之一，将植物放入新盆中，边加土边摇盆，最后轻压表土，避免有细缝产生，接着将盆栽放置于阴凉处浇水至从盆底流出，等到新芽长出后，就证明换盆成功了。

买回来的花草要多久修剪一次？

修剪花草除了因为美观之外，也有助于花草储存多余的养分，避免浪费。

观叶植物一般枝叶生长迅速，可以随时进行修剪。

观花植物则要注意修剪时间，例如，草花幼苗可以摘心，这样有利于侧枝的生长，增加花蕾数量。如果花蕾多，那么要进行疏蕾，摘掉一些弱枝，使花大而肥硕。凋零的花，要及早剪除，避免浪费养分，还可延长花期。

木本落叶盆栽，一般在落叶后或萌芽前进行修剪，不要过度修剪整枝，如果剪口比较大，则用切口胶涂抹，以免引起花木萎缩。

花草美容“以内养外”的诀窍

花肥的合理施用，是养好花草的关键。肥料成分主要是氮、磷、钾。

「氮肥」又称叶肥，促进叶片增大，叶色浓绿。

「磷肥」又称根肥，促进根部生长，增加花芽分化与开花。

「钾肥」又称茎肥，使茎秆强壮，增强抗病能力。

在选择花肥时，如果是观叶植物，选择含氮比较高的花肥；如果是观花植物，则选择含磷较高的花肥。

施肥的时机，与选用肥料的长效性及效力有关。家庭花草尽量不选用有机肥料，因为如果有机肥被微生物分解不彻底，会残留细菌及刺激气味。

化学肥料依形状则有棒状肥、颗粒肥、粉末肥及液态肥，化学肥料效期短、效力强、效果快。总之，无论使用何种花肥，尽量本着少量多次的原则，这样才会确保人和花草的安全。